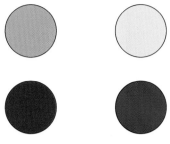

图 1-1　用于颜色检测的原始图像

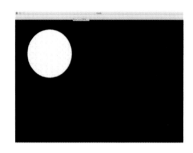

图 1-2　颜色检测系统的输出

图 1-4　形状检测系统的输出

图 1-5　进行人脸检测的原始输入图像

图 1-6　在图像中检测到的人脸和眼睛

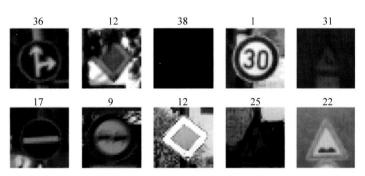

图 3-8　德国交通标志分类数据集的样本数据

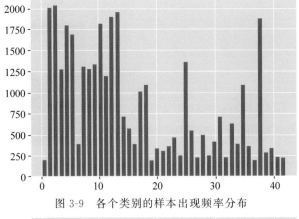

图 3-9　各个类别的样本出现频率分布

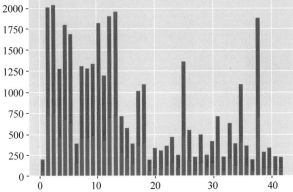

图 3-10　训练集和测试集中不同类别样本的出现频率分布

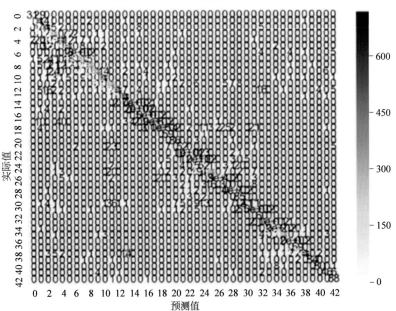

图 3-15　混淆矩阵的可视化表示

图 4-3　CIFAR-10 数据集中的类别和关于每个类别的一些样本示例

图 4-5　来自数据集的一些图像样本示例

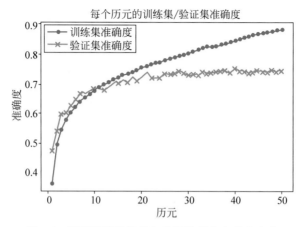

图 4-8　模型训练数据集与验证数据集上的准确度

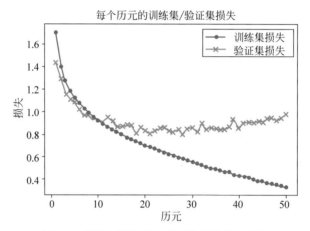

图 4-9　模型在训练集和验证集上的损失变化

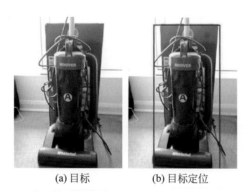

(a) 目标　　　　　(b) 目标定位

图 5-1　目标检测中的目标识别和定位

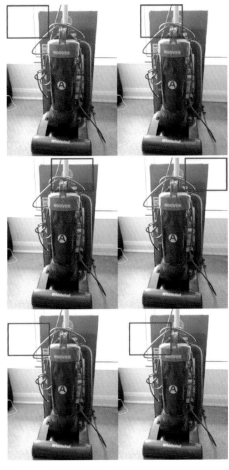

图 5-2　使用滑动窗口法检测和识别某个目标

图 5-3　边界框方法

图 5-6　确定最终的目标检测结果

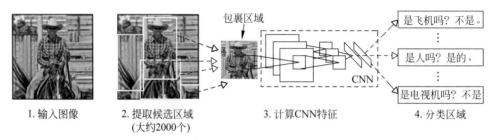

1. 输入图像　　2. 提取候选区域　　　　3. 计算CNN特征　　　4. 分类区域
　　　　　　　　（大约2000个）

图 5-8　R-CNN 执行过程（来源：https://arxiv.org/pdf/1311.2524.pdf）

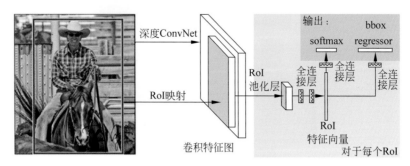

图 5-9　Fast R-CNN 模型执行过程

（来源：https://arxiv.org/pdf/1504.08083.pdf，并经研究人员许可在此发布）

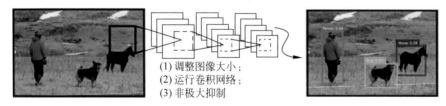

(1) 调整图像大小；
(2) 运行卷积网络；
(3) 非极大抑制

图 5-12　YOLO 算法过程（来源：https://arxiv.org/pdf/1506.02640v5.pdf）

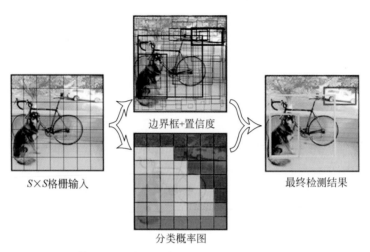

$S \times S$格栅输入　　　　　边界框+置信度　　　　　最终检测结果

分类概率图

图 5-14　YOLO 算法（图片来源：https://arxiv.org/pdf/1506.02640v5.pdf）

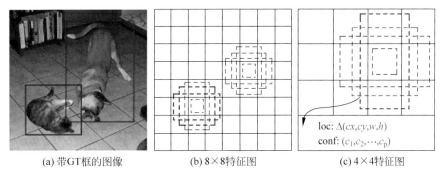

(a) 带GT框的图像　　　(b) 8×8特征图　　　(c) 4×4特征图

图 5-15　SSD 模型的处理过程（图片来源：https://arxiv.org/pdf/1512.02325.pdf）

图 5-18　目标的实时检测

Vaibhav

图 6-1　人脸识别

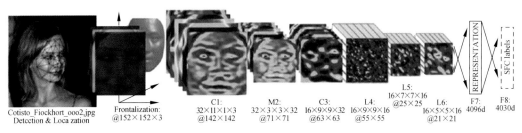

图 6-3　DeepFace 的完整架构

（来源：https://www.cs.toronto.edu/ranzato/publications/taigman_cvpr14.pdf）

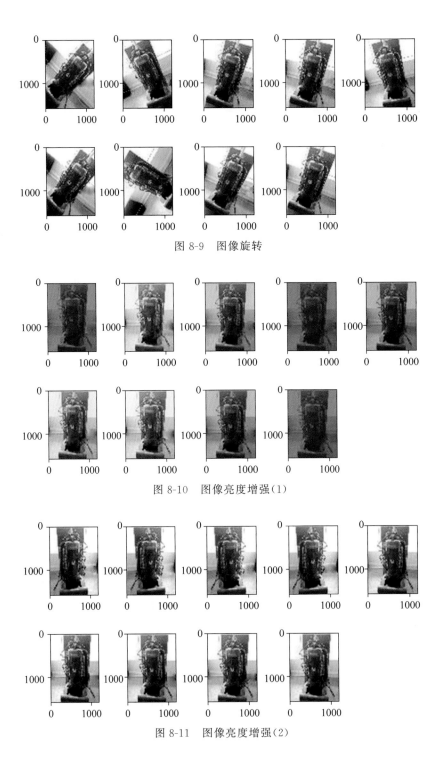

图 8-9 图像旋转

图 8-10 图像亮度增强(1)

图 8-11 图像亮度增强(2)

中外学者
论AI

Computer Vision Using Deep Learning
—— Neural Network Architectures with Python, Keras, and TensorFlow

计算机视觉

—— 基于Python、Keras和TensorFlow的深度学习方法

[爱尔兰] 维哈夫·弗登（Vaibhav Verdhan）　著
陈朗　汪雄飞　汪荣贵　　　　　　　　　　　译

清华大学出版社
北京

北京市版权局著作权合同登记号　图字：01-2021-7340

First published in English under the title

Computer Vision Using Deep Learning—Neural Network Architectures with Python，Keras，and TensorFlow 1

by Vaibhav Verdhan，

Copyright ⓒ Vaibhav Verdhan，2021

This edition has been translated and published under licence from APress Media，LLC，part of Springer Nature.

图书在版编目（CIP）数据

　　计算机视觉：基于 Python、Keras 和 TensorFlow 的深度学习方法/（爱尔兰）维哈夫・弗登（Vaibhav Verdhan）著；陈朗，汪雄飞，汪荣贵译. —北京：清华大学出版社，2022.3
　　（中外学者论 AI）
　　书名原文：Computer Vision Using Deep Learning—Neural Network Architectures with Python，Keras，and TensorFlow
　　ISBN 978-7-302-59942-5

Ⅰ．①计…　Ⅱ．①维…　②陈…　③汪…　④汪…　Ⅲ．①计算机视觉　Ⅳ．①TP302.7

中国版本图书馆 CIP 数据核字（2022）第 019033 号

责任编辑：王　芳
封面设计：刘　键
责任校对：焦丽丽
责任印制：丛怀宇

出版发行：清华大学出版社
　　　　　网　　　址：http://www.tup.com.cn，http://www.wqbook.com
　　　　　地　　　址：北京清华大学学研大厦 A 座　　　邮　　编：100084
　　　　　社 总 机：010-83470000　　　　　　　　　邮　　购：010-62786544
　　　　　投稿与读者服务：010-62776969，c-service@tup.tsinghua.edu.cn
　　　　　质量反馈：010-62772015，zhiliang@tup.tsinghua.edu.cn
　　　　　课件下载：http://www.tup.com.cn，010-83470236
印 装 者：天津鑫丰华印务有限公司
经　　销：全国新华书店
开　　本：186mm×240mm　　印　张：11　　插　页：6　　字　数：266 千字
版　　次：2022 年 5 月第 1 版　　　　　　　　　印　次：2022 年 5 月第 1 次印刷
印　　数：1～2000
定　　价：69.00 元

产品编号：093263-01

译者序

近年来,深度学习技术取得了突破性进展,在计算机视觉、自然语言处理等领域取得了非常成功的应用,在一定程度上改变了人们的日常生活方式和工作方式。尤其是基于深度学习的图像分类、目标检测、人脸识别、目标跟踪与行为分析等计算机视觉技术取得了突飞猛进的发展并趋于成熟,在智慧城市、安全监控、产品质量检测等多个领域取得了巨大的商业价值,极大地激发了人们对深度学习和计算机视觉的学习热情。然而,较好地掌握和应用基于深度学习的计算机视觉技术需要一定的抽象思维能力和数学知识。因此,具有一定专业深度且通俗易懂的入门教材对于初学者的帮助显然是至关重要的。本书正是这样的一部优秀教材。

本书从初学者的视角出发,通过一系列具体的应用案例,使用通俗易懂的语言比较系统地介绍了基于深度学习的计算机视觉解决方案开发技术,包括基于深度学习的图像分类、目标检测、人脸识别、行为分析和视频分析等计算机视觉应用开发技术,以循序渐进的方式详细讨论了 VGG16、AlexNet、R-CNN、Fast R-CNN、Faster R-CNN、YOLO、SSD、DeepFace 和 FaceNet 等多种典型神经网络模型的基本结构和训练方法,结合具体应用案例生动形象地介绍了图像样本数据集的获取与处理、深度学习模型的设计与优化、应用系统的开发与部署的基本过程,逐步消除使用深度学习技术开发计算机视觉应用的认知盲点,广大读者通过自己的努力很容易掌握全书主要内容,建立强大的应用技术基础。

本书内容丰富新颖,语言文字表述清晰,应用实例讲解详细具体,图例直观形象,适合作为高等学校人工智能、智能科学与技术、数据科学与大数据技术、计算机科学与技术以及相关专业的本科生或研究生深度学习课程入门性教材,也可供工程技术人员和自学读者学习参考。

本书由陈朗、汪雄飞、汪荣贵共同翻译完成。感谢研究生张前进、江丹、孙旭、尹凯健、王维、张珉、李婧宇、修辉、雷辉、张法正、付炳光、李明熹、董博文、麻可可、李懂、刘兵、王耀、杨伊、陈震、沈俊辉、黄智毅、禤天宇等同学提供的帮助,感谢清华大学出版社王芳编辑的大力支持。

由于时间仓促,译文难免存在不妥之处,敬请读者不吝指正!

译 者

2021 年 8 月

序　言

不久前,计算机视觉还只是科幻小说的专属内容。但现在,即使没有涵盖整个社会,计算机视觉也正在迅速成为各行各业的一种普遍应用。视觉是人类最珍贵的一种感官,在模仿人类视觉这一领域取得的进展令人惊叹。1957 年,Russell Kirsch 扫描出了世界上第一张照片——他儿子的黑白照片[1]。到 20 世纪 80 年代末,Sirovich 和 Kirby[2] 研究人脸识别,使其成为一种可行的生物识别技术。尽管存在隐私问题和法律挑战[3],但是 Facebook于 2010 年将人脸识别技术纳入其社交媒体平台,使得这项技术无处不在。

深度学习视觉系统从图像中解读和提取信息的能力渗透到社会的方方面面。只有持极端怀疑态度的人才不愿意相信:在不远的将来,自动驾驶汽车的数量会超过人类驾驶汽车的数量,或者基于医学图像的计算机辅助诊断(CADx)将成为医疗提供商提供的一种普通服务。计算机视觉应用程序已经控制了对移动设备的访问,对于各种类型制造过程中缺陷检查这个烦琐但关键的任务,计算机视觉应用程序可以超越人类检查员。我就是这样认识V(本书作者 Vaibhav)的,他的朋友和同事都这样称呼他。我和他合作改进了现有计算机视觉系统的方法,以确保对人类视觉至关重要的产品没有缺陷。我们的合作是一个相互欣赏、相互促进的过程。我们教计算机系统如何观察;计算机系统则帮助生产对于改善和照顾人类视力至关重要的产品。

在本书中,V 采取了实用和方便的方法来研究计算机视觉问题。现成的 Python 代码以及数据集和其他工具的链接促进了案例研究。通过对每个案例研究所需资源的访问,可以增强从业人员的学习经验。本书把计算机视觉的主题分成三个部分。在第 1 章～第 4 章中,V 描述了神经网络的本质,并揭秘了它们是如何进行学习的。沿着写作思路,他先后指出了几种不同架构的神经网络模型。在拥有所有所需资源的情况下,读者可以通过亲自实

---

[1]　Computer scientist, pixel inventor Russell Kirsch dead at 91[N]. AP News, August 13, 2020, https://apnews. com/article/technology-oregon-science-portland-us-news-db92e0b593f5156da970c0a1e9f90944. Accessed 9 December 2020.

[2]　Low-Dimensional Procedure for the Characterization of Human Faces, L. Sirovich and M. Kirby, March 1987, Journal of the Optical Society of America. A, Optics and image science 4(3):519-24.

[3]　Natasha Singer and Mike Isaac "Facebook to Pay $550 Million to Settle Facial Recognition Suit" The New York Times, Jan 29, 2020, https://www. nytimes. com/2020/01/29/technology/facebook-privacy-lawsuit-earnings. html. Accessed 9 December 2020.

践体验到 LeNet 优雅的简单性、AlexNet 提高的效率以及流行的 VGG Net 模型。第 5 章～第 7 章的内容,可以帮助读者开发简单而强大的计算机视觉应用系统,如训练系统检测物体和进行人脸识别。在进行视频分析时,通常会遇到梯度消失和爆炸问题的困扰,所以介绍了如何在 ResNet 架构中使用跳接方式来克服这个问题。最后,第 8 章回顾了完整的模型开发过程,从正确定义的业务问题开始,系统地推进模型开发过程,直到模型在生产环境中部署和维护。

计算机系统执行任务的复杂性和影响在急剧增加,计算机视觉系统可以与人类视觉相媲美,甚至在某些方面可以超过人类视觉。那些渴望使计算机视觉技术成为他们的盟友、将计算机视觉系统融入他们的工作实践之中,并且成为更加熟练的计算机视觉实践者的人将从本书中介绍的工具、技术和方法中获益匪浅。

David O. Ramos

2020 年 12 月 16 日于美国佛罗里达州杰克逊维尔

前　言

创新正是领导与员工的区别所在。

—史蒂夫·乔布斯(Steve Jobs)

你的驾驶技术如何？你会比自动驾驶系统的驾驶技术更好吗？或者你认为在医学图像分类方面，某种算法会比专家表现得更好吗？这可能是一个比较棘手的问题。但是，人工智能目前已经在通过图像分析检测肺癌和乳腺癌方面超过了医生。

大自然非常仁慈地赐予了我们视觉、味觉、嗅觉、触觉和听觉的能力。在这些感官之中，视觉的力量让我们能够欣赏世界的美丽，享受色彩，识别家人和所爱之人的面孔，更重要的是享受这个美丽的世界和生活。随着时间的推移，人类提升了大脑的力量，并做出了开创性的发明和发现。车轮或飞机、印刷机或时钟、灯泡或个人计算机——这些创新已经改变了我们的生活、工作、旅行、决策和进步的方式，让生活变得更简单、更容易、更愉快和更安全。

数据科学和深度学习能够进一步提升创新的可能性。通过深度学习可以复制大自然赋予的视觉力量。计算机通过训练可以执行与人类相同的任务。它可以检测颜色、形状或大小，对猫、狗或马进行分类，或者在道路上行驶——应用案例不胜枚举。这些解决方案适用于零售、制造、金融服务和保险、农业、安全、运输、制药等行业。

本书重点介绍和解释与计算机视觉问题相关的深度学习和神经网络概念。书中详细研究卷积神经网络以及各个组成部件和属性，探索各种神经网络架构，介绍了 LeNet、AlexNet、VGG、R-CNN、Fast R-CNN、Faster R-CNN、SSD、YOLO、ResNet、Inception、DeepFace 和 FaceNet 等模型的细节。书中使用 Python 和 Keras 作为解决方案的开发工具，开发实用的解决方案，用于解决二值图像分类、多类图像分类、目标检测、人脸识别和视频分析等实际问题。所有的代码和数据集都被收录至 GitHub repo，读者可以快速访问这些资源。最后一章探讨了深度学习开发项目中的所有步骤——从定义业务问题到计算机视觉系统的部署，以及如何处理在制订解决方案时面临的重大错误和问题。本书提供了能够进行更好训练的算法技巧，减少训练时间，能够及时地监测结果并改进解决方案。书中还分享了很多优秀的研究论文和数据集，建议读者深入阅读并获得更多知识。

　　本书适合想使用深度学习来探索和实施计算机视觉解决方案的研究人员和学生。本书面向实际应用，因此推荐给打算探索前沿技术、掌握先进概念、深入了解深度学习架构并获得最佳实践和解决方案、迎接计算机视觉挑战的广大计算机专业人士。同时，本书也适用于使用深度学习算法解决计算机视觉问题，并想尝试 Python 的读者。

　　我要感谢 Apress、Aaron、Jessica 和 Vishwesh，感谢他们对我的信任，赋予我在这个课题上工作的机会。我还要特别感谢我的家人——Yashi、Pakhi 和 Rudra，感谢他们的大力支持。没有他们的支持，这项工作就不可能完成。

Vaibhav Verdhan

2020 年 11 月于爱尔兰利默里克

目 录

第 1 章　计算机视觉和深度学习简介 ·· 1

1.1　使用 OpenCV 处理图像 ·· 2

1.1.1　使用 OpenCV 检测颜色 ·· 2

1.1.2　使用 OpenCV 检测形状 ·· 4

1.1.3　使用 OpenCV 检测人脸 ·· 5

1.2　深度学习的基础知识 ·· 6

1.2.1　神经网络背后的动力 ·· 8

1.2.2　神经网络中的层 ·· 8

1.2.3　神经元 ·· 9

1.2.4　超参数 ·· 9

1.2.5　ANN 的连接与权重 ·· 10

1.2.6　偏置项 ·· 10

1.2.7　激活函数 ·· 10

1.2.8　学习率 ·· 13

1.2.9　反向传播 ·· 13

1.2.10　过度拟合 ··· 14

1.2.11　梯度下降算法 ··· 15

1.2.12　损失函数 ··· 16

1.3　深度学习的工作原理 ·· 17

1.3.1　深度学习过程 ··· 17

1.3.2　流行的深度学习程序库 ··· 19

1.4　小结 ··· 20

习题 ··· 21

拓展阅读 ··· 21

第 2 章　面向计算机视觉的深度学习 ·· 22

2.1　使用 TensorFlow 和 Keras 进行深度学习 ·· 23

2.2 张量 ··· 23

2.3 卷积神经网络 ··· 24

　　2.3.1 卷积 ··· 24

　　2.3.2 池化层 ··· 27

　　2.3.3 全连接层 ··· 28

2.4 开发基于 CNN 的深度学习解决方案 ································ 28

2.5 小结 ··· 34

习题 ·· 34

拓展阅读 ··· 35

第 3 章　使用 LeNet 进行图像分类 ······································ 36

3.1 深度学习的网络架构 ··· 37

3.2 LeNet 架构 ··· 37

　　3.2.1 LeNet-1 架构 ··· 37

　　3.2.2 LeNet-4 架构 ··· 38

　　3.2.3 LeNet-5 架构 ··· 39

　　3.2.4 增强 LeNet-4 架构 ·· 40

3.3 使用 LeNet 创建图像分类模型 ····································· 41

　　3.3.1 使用 LeNet 进行 MNIST 分类 ······························ 41

　　3.3.2 使用 LeNet 进行德国交通标志分类 ························· 45

3.4 小结 ··· 54

习题 ·· 54

拓展阅读 ··· 55

第 4 章　VGG 和 AlexNet 网络 ·· 56

4.1 AlexNet 和 VGG 神经网络模型 ···································· 57

　　4.1.1 AlexNet 模型架构 ··· 57

　　4.1.2 VGG 模型架构 ·· 59

4.2 使用 AlexNet 和 VGG 开发应用案例 ······························ 60

　　4.2.1 CIFAR 数据集 ··· 60

　　4.2.2 使用 AlexNet 模型处理 CIFAR-10 数据集 ·················· 61

　　4.2.3 使用 VGG 模型处理 CIFAR-10 数据集 ····················· 69

4.3 AlexNet 模型和 VGG 模型的比较 ·································· 75

4.4 使用 CIFAR-100 数据集 ··· 75

4.5 小结 ··· 76

习题 ·· 76

拓展阅读 ·· 76

第 5 章 使用深度学习进行目标检测 ···································· 77

5.1 目标检测 ··· 78

    5.1.1 目标分类、目标定位与目标检测 ························· 78

    5.1.2 目标检测的应用案例 ·································· 79

5.2 目标检测方法 ·· 79

5.3 目标检测的深度学习框架 ·· 80

    5.3.1 目标检测的滑窗法 ···································· 80

    5.3.2 边界框方法 ··· 81

    5.3.3 重叠度指标 ··· 81

    5.3.4 非极大性抑制 ······································· 82

    5.3.5 锚盒 ·· 82

5.4 深度学习网络架构 ·· 83

    5.4.1 基于区域的 CNN ······································ 83

    5.4.2 Fast R-CNN ··· 85

    5.4.3 Faster R-CNN ······································· 86

    5.4.4 YOLO 算法 ·· 87

    5.4.5 单阶段多框检测器 ···································· 91

5.5 迁移学习 ··· 94

5.6 实时的目标检测 Python 实现 ······································ 95

5.7 小结 ··· 97

习题 ·· 97

拓展阅读 ·· 98

第 6 章 人脸识别与手势识别 ··· 99

6.1 人脸识别 ··· 99

    6.1.1 人脸识别的应用 ····································· 100

    6.1.2 人脸识别的过程 ····································· 101

6.2 人脸识别的深度学习模式 ··· 102

    6.2.1 Facebook 的 DeepFace 解决方案 ······················ 102

    6.2.2 FaceNet 的人脸识别 ································· 105

6.3 FaceNet 的 Python 实现 ·· 108

6.4 手势识别 Python 解决方案 ·· 110

6.5 小结 ·· 114

习题 ·· 115

拓展阅读 ··· 115

第 7 章 基于深度学习的视频分析 ·· 116

7.1 视频处理 ··· 116

7.2 视频分析的应用 ··· 117

7.3 梯度消失和梯度爆炸 ··· 117

7.3.1 梯度消失 ·· 117

7.3.2 梯度爆炸 ·· 119

7.4 ResNet 架构 ··· 120

7.5 Inception 网络 ·· 124

7.5.1 1×1 卷积 ··· 124

7.5.2 GoogLeNet 架构 ··· 125

7.5.3 Inception v2 中的改进 ·· 127

7.5.4 Inception v3 模型 ··· 128

7.6 视频分析 ··· 129

7.7 使用 Inception v3 和 ResNet 创建 Python 解决方案 ···················· 129

7.8 小结 ·· 136

习题 ·· 137

拓展阅读 ··· 137

第 8 章 端到端的网络模型开发 ·· 138

8.1 深度学习项目需求 ··· 138

8.2 深度学习项目的开发过程 ··· 140

8.2.1 业务问题的定义 ·· 140

8.2.2 源数据或数据收集阶段 ·· 144

8.2.3 数据存储与管理 ·· 144

8.2.4 数据准备和扩充 ·· 145

8.2.5 图像样本增强 ·· 146

8.3 深度学习的建模过程 ··· 150

8.3.1 迁移学习 ·· 151

8.3.2 常见错误/挑战和模型性能提高 ······································ 153

　　　　8.3.3　模型的部署与维护 ·································· 155

8.4　小结 ·· 157

习题 ·· 158

拓展阅读 ·· 158

附录 A ·· 159

A1　CNN 中的主要激活函数与网络层 ····················· 159

A2　Google Colab 　·· 160

第 1 章

计算机视觉和深度学习简介

> 视觉是上帝赐予人类最好的礼物。

从我们出生起,视觉就让我们发展出具有意识的心智。颜色、形状、物体和面孔都是世界的组成部分。大自然给予的这种视觉恩赐成为我们最重要的一种感觉器官。

计算机视觉是让机器可以复制这种视觉力量的一种能力。使用深度学习技术可以增强程序指令,并且在计算机视觉这个领域取得进展。

本书将考察面向计算机视觉领域的深度学习相关概念。研究神经网络的基本构建模块,通过采用基于案例研究的方法开发比较实用的案例,并对比分析各种解决方案的性能。基于最佳的实践方式,分享行业中普遍遵循的技巧和见解,使读者可以避开一些常见的开发陷阱,并能够提升和拓展用于设计神经网络模型的思维水平。

本书介绍并详细探讨深度学习这个概念,然后围绕这个概念使用 Python 语言开发实际案例。本章首先建立关于深度学习的基础知识,然后给出关于深度学习的一些实用方法,基于完整的知识可以设计出一个解决方案,以便能够开发出能够进行更好决策的神经网络模型。

本书需要读者对 Python 编程和面向对象的编程概念有一定的了解,也希望对数据科学有着基本或中级程度的理解。

本章为介绍性章节,给出使用 OpenCV 和深度学习进行图像处理的相关概念。OpenCV 程序库目前已经广泛应用于机器人、人脸识别、手势识别、增强现实等领域。此外,深度学习为图像处理的实际应用开发案例提供了更高层次的复杂性和灵活性。本章讨论主题如下:

- 使用 OpenCV 处理图像;
- 深度学习的基础知识;
- 深度学习的工作原理;
- 流行的深度学习程序库。

本书中使用 Python 语言开发所有的应用案例;因此,需要安装最新版本的 Python 开发环境。所有代码、数据集和各自的结果都保存在代码存储库 https://github.com/

Apress/computer-vision-usingdeep-learning/tree/main/Chapter1 中。建议读者运行所有代码并复现结果。这个运行过程可以加强对概念的掌握和理解。

1.1　使用 OpenCV 处理图像

图像数据与其他任何样本点的数据类似。在计算机或手机等设备上，图像通常以 jpeg、bmp 和 png 格式的对象或图标出现，人们很难像展示数据库那样以行-列的结构化方式表示图像数据集，因此图像数据通常被称为**非结构化数据**。

为了让计算机和算法能够分析和处理图像，必须以整数的形式表示图像数据。因此，计算机会一个像素一个像素地处理图像。从数学上看，图像像素的 RGB（红、绿、蓝）取值是表示图像每个像素的一种方法，可以使用图像像素的取值信息进行图像处理。

提示：获得颜色 RGB 取值的一种最简单的方法是在 Windows 操作系统中打开画图软件。让鼠标光标悬停在调色板的任何一种颜色上方，即可获得这种颜色的 RGB 取值。在 Mac OS 中，可以使用数字颜色计（Digital Colour Meter）获得任何一种颜色的 RGB 值。

基于深度学习可以开发出比基于传统图像处理技术应用复杂得多的应用案例。例如，使用 OpenCV 技术实现图像中的人脸目标检测，但是如果要想对图像中的人脸目标进行识别，就需要使用深度学习技术。

使用深度学习技术开发计算机视觉解决方案首先需要准备图像数据集。在此过程中，可能需要对图像进行灰度化、检测目标的轮廓并裁剪图像，然后将它们输入神经网络。

OpenCV 就是可以完成这类任务的一种代码库。首先可以开发出一些关于这些图像处理方法的构建模块。本节将使用 OpenCV 构建 3 个案例。

注意：可以登录 www.opencv.org 并按照网站说明在系统上安装 OpenCV。

用于解决方案的图像样本数据集都是一些常用的图像数据集。建议检查代码并按照已完成的步骤加以实现。接下来将介绍如何检测图像中的形状、颜色和人脸信息。

让我们一起进入令人兴奋的图像世界吧！

1.1.1　使用 OpenCV 检测颜色

考察一幅图像时，已知这幅图像是由形状、大小和颜色等信息组成的。如果系统具有自动检测图像形状、大小或颜色等自动化图像处理的能力，那么就可以节省大量工作。第一个案例将基于 OpenCV 开发一个颜色自动检测系统。

颜色自动检测系统在制造业、汽车、电力、公用事业等领域和行业中有着广泛的应用。颜色的自动检测可用于自动侦测中断、故障和分离等异常事件。可以使用经过训练的传感器模型根据颜色特征做出某种特定的决定，并且在需要的时候发出警报信息。

使用像素表示数字图像,每个像素由取自 0～255 的 RGB 值组成。图 1-1 为用于颜色检测的原始图像。图像有 4 种不同的颜色,可以使用 OpenCV 基于 RGB 值的属性分别检测图像中的这些颜色。具体步骤如下所述。

(1) 打开 Python Jupyter Notebook。

(2) 首先加载必要的程序库:NumPy 和 OpenCV。

```
import numpy as np
import cv2
```

(3) 加载图像文件。

```
image = cv2.imread('Color.png')
```

(4) 将原始图像转换为 HSV(色相饱和度)格式。这种格式能够将色彩的饱和度从亮度中分离出来。可以使用 cv2.cvtColor 完成这项工作。

```
hsv_convert = cv2.cvtColor(image, cv2.COLOR_BGR2HSV)
```

(5) 在这里定义颜色取值范围的上下边界。为了检测图像中的蓝色,从 NumPy 库中给出蓝色所对应的取值范围。

```
lower_range = np.array([110,50,50])
upper_range = np.array([130,255,255])
```

(6) 检测蓝色并把这种颜色从图像的其他部分中分离出来。

```
mask_toput = cv2.inRange(hsv_convert, lower_range,upper_range)
cv2.imshow('image', image)
cv2.imshow('mask', mask_toput)
while(True):
k = cv2.waitKey(5)& 0xFF if k == 27: break
```

上面步骤中的代码输出如图 1-2 所示,想要检测的蓝色被检测出来并与图像中的其余部分进行了分离。蓝色使用白色进行突出显示,图像中的其余部分则以黑色进行显示。在第(5)步中改变颜色的取值范围,也可以检测到其他不同的颜色。

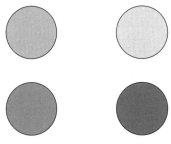 

图 1-1　用于颜色检测的原始图像　　　　图 1-2　颜色检测系统的输出

1.1.2　使用 OpenCV 检测形状

形状的自动检测能够分离出图像中的某个部分，并且能够考察某些特定的模式。颜色和形状的检测使得解决方案变得非常具体和具有针对性，在安全监控、生产线、汽车中心等方面具有非常重要的应用价值。

对于形状检测，首先要获得每个形状的轮廓，并检查某种要素的数量，然后据此进行相应的分类。例如，如果某个要素的数目是 3，那么这个形状就是一个三角形。通过这个方法，还可以学习到如何进行图像的灰度化处理和进行轮廓的自动检测。

通过下列步骤，可以实现对形状的自动检测。

（1）首先导入程序库。

```
import numpy as np
import cv2
```

（2）加载如图 1-3 所示的用于检测圆形、三角形和正方形这三个形状的原始输入图像。

图 1-3　用于检测的原始图像

```
shape_image = cv2.imread('shape.png')
```

（3）将彩色图像转换为灰度图像。图像的灰度化是为了简化计算，因为 RGB 是三维数据，灰度图像则是二维数据，将彩色图像转换为灰度图像可以简化求解方案。这种转换也提高了代码的效率。

```
gray_image = cv2.cvtColor(shape_image, cv2.COLOR_BGR2GRAY)
ret,thresh = cv2.threshold(gray_image,127,255,1)
```

（4）在图像中找出轮廓。

```
contours,h = cv2.findContours(thresh,1,2)
```

（5）尝试使用 approxPolyDP 近似每个轮廓。该方法返回所检测到轮廓中要素的数量。然后根据轮廓中要素的数量值确定检测的形状。如果要素的数量值是 3，那么检测的形状就是三角形；如果是 4，那就是正方形；以此类推。

```
for cnt in contours:
approx = cv2.approxPolyDP(cnt,0.01 * cv2.arcLength(cnt,True),True)
print (len(approx))
if len(approx) == 3:
print ("triangle")
cv2.drawContours(shape_image,[cnt],0,(0,255,0),-1)
elif len(approx) == 4:
print ("square")
cv2.drawContours(shape_image,[cnt],0,(0,0,255),-1)
```

```
elif len(approx) > 15:
print ("circle")
cv2.drawContours(shape_image,[cnt],0,(0,255,255),−1)
cv2.imshow('shape_image',shape_image) cv2.waitKey(0)
cv2.destroyAllWindows()
```

上面步骤中的代码输出如图 1-4 所示，其中黄色表示圆圈，红色表示正方形，绿色表示三角形。基于上述代码可以检测任何图像中的形状。

图 1-4　形状检测系统的输出

1.1.3　使用 OpenCV 检测人脸

人脸检测并不是一项新功能。无论在何时观看一张图片，都能很容易地识别出一张脸。手机相机会在人脸的周围画出方框。在社交媒体上，使用一个方框框住一张人脸，这就称作人脸检测。

人脸检测是指在数字图像中实现对人脸的定位。人脸检测不同于人脸识别。对于前者，只在图像中发现一张脸；而对于后者，还需要把发现的这张脸和某个人名字联系起来，也就是说要认出照片中人脸是谁。

大多数现代相机和手机都内置有人脸检测的功能。可以使用 OpenCV 开发类似的解决方案，并且使用 Haar-cascade 算法进行构建，这样更容易理解和实现。在 Python 中使用此类算法时，将突出显示照片中的人脸和眼睛。

Haar-cascade 分类器用于检测图像中的人脸和其他诸如眼睛之类的面部属性。这是一种基于机器学习的解决方案，需要使用很多图像进行模型训练，其中一些图像包含人脸，另外一些图像则没有包含人脸。分类器学习这些图像各自的特征。然后使用相同的分类器进行检测人脸。在这里，我们不需要进行任何的模型训练，因为这里的分类器已经完成训练并且可以直接使用。

提示：使用 Haar-cascade 分类器进行人脸目标检测是由 Paul Viola 和 Michael Jones 在 2001 年的论文 *Rapid Object Detection using a Boosted Cascade of Simple Features* 中提出的。

可以使用下列步骤实现人脸检测。

（1）首先导入程序库。

```
import numpy as np
import cv2
```

（2）加载分类器 xml 文件。xml 格式的文件由 OpenCV 设计，通过对叠加在正样本图像上的负面人脸信息进行级联训练生成，由此可以检测到人脸特征。

```
face_cascade = cv2.CascadeClassifier('haarcascade_frontalface_default.xml')
```

```
eye_cascade = cv2.CascadeClassifier('haarcascade_eye.xml')
```

（3）加载如图 1-5 所示的使用 Haar-cascade 算法进行人脸检测的原始输入图像。

```
img = cv2.imread('Vaibhav.jpg')
```

（4）将图像转化成灰度模式。

```
gray = cv2.cvtColor(img, cv2.COLOR_BGR2GRAY)
```

（5）执行以下代码检测图像中的人脸。如果检测到人脸，则返回被检测人脸的位置 Rect(x, y, w, h)。随后，在该人脸上检测眼睛。

```
faces = face_cascade.detectMultiScale(gray, 1.3, 5)
for (x, y, w, h) in faces:
image = cv2.rectangle(image, (x, y), (x + w, y + h)
(255, 0, 0), 2) roi_gr = gray[y:y + h, x:x + w]
roi_clr = img[y:y + h, x:x + w]
the_eyes = eye_cascade.detectMultiScale(roi_gr)
for (ex, ey, ew, eh) in the_eyes:
cv2.rectangle(roi_clr, (ex, ey), (ex + ew, ey + eh)(0, 255, 0), 2)
cv2.imshow('img', image) cv2.waitKey(0)
cv2.destroyAllWindows()
```

上述代码的输出结果如图 1-6 所示，算法在人脸周围画了一个蓝色的方框，在眼睛的周围画了两个绿色的小方框。

图 1-5 进行人脸检测的原始输入图像

图 1-6 在图像中检测到的人脸和眼睛

人脸检测算法可以在图像和视频中检测到人脸。这是完成人脸识别任务的第一步，已经被广泛应用于安全、考勤监控等多个领域。后续章节中将介绍使用深度学习开发人脸检测和识别系统。

本节已经讨论了关于图像处理的一些概念。下面考察关于深度学习一些概念，这是开始这趟学习旅程的基础。

1.2　深度学习的基础知识

深度学习是机器学习的一个分支。深度学习中的"深度"是指具有多个连续的层的表示形式；因此，模型的深度指的是人工神经网络（Artificial Neural Network，ANN）模型中的层数。从本质上看，可以将这种基于人工神经网络模型的学习称为深度学习。

这是一种分析历史数据的新方法，这种方法从多个连续的网络层中学习到含义不断增加的数据表示形式。深度学习项目开发的典型流程与如图1-7所示机器学习项目开发流程比较类似，下面详细讨论所有步骤。

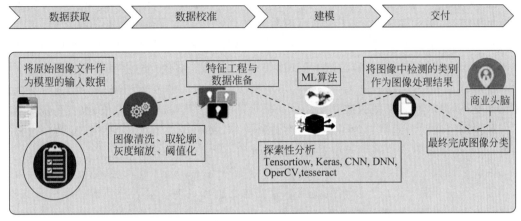

图1-7 从数据发现到系统开发完成的端到端机器学习过程

（1）数据输入：将原始的数据文件、图像、文本等样本数据输入到系统中。这些样本数据作为网络模型训练和测试的输入数据。

（2）数据清洗：结构化数据集中通常存在大量的噪声，如垃圾值、重复值、NULL和离群值等。必须在这个阶段对所有这些样本数据点进行处理。对于图像数据，需要去除图像中不必要的噪声。

（3）数据准备：为网络模型的训练准备样本数据。在这一步中，可能需要一些新的派生变量，如果数据处理涉及图像数据集，那么还需要对图像数据进行旋转、裁剪等处理。

（4）探索性数据分析：执行初步分析，实现对数据集的快速洞察。

（5）网络设计和训练模型：实现对神经网络模型的设计，决定隐藏层的数量、节点、激活函数、损失函数，等等。然后对该网络进行训练。

（6）检查准确度并迭代：度量网络模型的准确度。通常使用混淆矩阵、AUC值、精度、查全率等指标实现对网络模型的准确度的度量。然后，通过调整超参数的方式进一步优化网络模型。

（7）将最终的模型呈现给业务部门，并且获得反馈意见。

（8）根据收到的反馈意见对模型进行了迭代和改进，并构建出最终的解决方案。

（9）将模型部署到具体的生产环境中，然后定期对该模型进行维护和更新。

遵循上述步骤可以完成机器学习项目的开发，第8章会再次回顾这些步骤。

1.2.1 神经网络背后的动力

ANN 的构建受到了人脑工作方式的启发。当看到一张图片时,会把它和某个标签联系起来。大脑和感官在经过这种训练之后,当再次看到这张图片时,就可以对它进行正确的识别并且能够给它贴上正确的标签。

ANN 通过学习或训练执行类似的任务。这是通过查看各种历史样本数据点(如事务性数据或图像)来实现的,并且大多数情况下无须针对特定规则进行编程。例如,如果要区分汽车和人,ANN 将不会事先熟悉和了解每个类别的属性。ANN 会从训练数据中生成某种属性和识别特征,神经网络可以学习到这些属性,并且能够使用这些属性进行预测。

在形式上看,ANN 中的"学习"指的是对网络模型内部的权重和偏差参数进行适当的优化调整,以提高网络模型的准确度。一个很明显的方法就是减少误差值,也就是说降低实际值和预测值之间的差值。为了度量模型的错误率,我们定义了关于网络模型的一个损失函数,用于在学习阶段对网络模型进行严格的评估。

图 1-8 表示一个典型的神经网络模型,典型的神经网络包含输入层、隐藏层和输出层。每一层由一些神经元组成。隐藏层是网络模型的心脏和灵魂。输入层负责接收输入数据,输出层负责生成最终的输出结果。

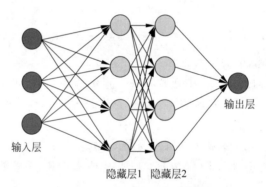

图 1-8 典型的神经网络模型

图 1-8 展示的神经网络模型的输入层由 3 个输入神经元组成,模型包含两个隐藏层,每个隐藏层均由 4 个神经元组成,最后一层是模型的输出层。

下面讨论神经网络模型的各个组成部分。

1.2.2 神经网络中的层

一个基本的神经网络体系结构主要由三层组成。

(1)输入层:正如它的名称所表示的含义,输入层接收输入数据。请思考将原始图像、处理过的图像提供给输入层。这是神经网络的第一步。

(2)隐藏层:它们是网络模型的心脏和灵魂。所有的数据处理、特征提取、学习和训练都在这些层中完成。隐藏层将原始数据分解为属性和特征,并考察数据之间的细微差别。

这种学习到的信息将在后续的输出层中用于决策。

（3）输出层：它是网络中的决策层和最终部分。它接收上述隐藏层的输出，然后实现对分类的最终判断。

1.2.3 神经元

神经元或人工神经元是神经网络模型的基础。神经元是神经网络模型最基本的组成单元。整个复杂的计算仅仅在单个的神经元内部进行。神经网络中的每一层都可以包含一个以上的神经元。

神经元接收来自前一层或输入层的输入信息，然后对信息进行处理并共享输出。输入数据可以是来自前一个神经元的原始数据或经过处理的信息。然后，神经元将输入与其自身的内部状态结合起来，使用激活函数生成一个函数值。随后，使用输出函数形成一个输出。

单个的神经元如图 1-9 所示，它接收来自前一层的输入信息，使用激活函数处理这些信息并输出处理结果。它是神经网络模型的基本构成单元。

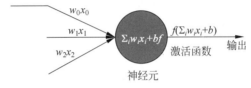

图 1-9 神经元的一种表示形式

一个神经元的输入信息由前一层神经元的输出和相关的连接权重组成，神经元收到这些输入信息后将它们计算成一种加权和的形式，偏置项通常也会被纳入这个加权和之中。这正是传播函数完成的功能。如图 1-9 所示，f 为激活函数，w 为权重项，b 为偏置项。在计算完成之后，会收到这个神经元的输出。

例如，输入的训练数据可能会包含原始图像或者是经过处理后的图像。这些图像进入网络模型的输入层。然后，这些数据会被传送到隐藏层完成对它们的计算。这些具体的计算过程是在每一层的神经元中完成的。

输出是必须要完成的任务，例如，标识某个对象或者对图像进行分类等。

神经网络本身可以从数据中提取信息，并且根据这些信息确定网络参数。但是，在网络模型的训练过程中，仍然需要使用一些特殊的参数。通常将这些特殊的参数称为超参数。

1.2.4 超参数

在网络模型的训练过程中，算法不断地学习原始数据的属性。但是，有一些参数是网络模型自身无法掌握的，需要对其进行初始的设置。超参数是人工神经网络自身无法学习的变量和属性。超参数是决定神经网络结构的变量，以及对网络模型训练有用的变量。

超参数需要在网络模型的实际训练之前进行设置。学习率、网络隐藏层的数目、每个网络层包含的神经元数目、激活函数、历元数、批处理的规模、Dropout 率和网络权重初始化都是超参数的例子。

超参数调优是根据超参数的性能为其选择最佳取值的过程。我们通常在验证集上测量网络的性能,然后调整超参数,接着对网络进行重新评估和调整,这个过程会循环地进行下去。

1.2.5 ANN 的连接与权重

神经网络由神经元之间的各种连接组成。每个连接的目的都是接收输入并提供计算的输出。这个输出作为下一个神经元的输入。

此外,每个连接都被分配了一个权重,该权重代表了其所对应连接的重要性。值得注意的是,一个神经元可以有多个输入和输出连接,这就意味着它可以接收多个输入并传递出多个信号。

1.2.6 偏置项

偏置项也是神经网络模型的一个重要的组成部分。偏置就像给一个线性方程加上一个截距值。它是网络模型中一个额外的或附加的参数。

理解偏置的一个最简单的方法,就是考察下面的公式:

$$y = mx + c$$

如果没有常数项 c,那么这个线性方程就必须穿过原点$(0,0)$。有了常数项 c,就可以期待能够拟合出某个更好的机器学习模型。

图 1-10(a)所示是一个没有偏置项的神经元,图 1-10(b)中则增加了一个偏置项。利用偏置项,可以调整输入的权重和输出。偏置项就像线性方程中的常数项,有助于更好地拟合数据。

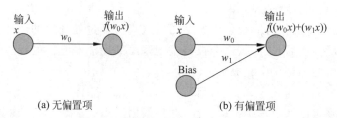

(a) 无偏置项　　　　　　　(b) 有偏置项

图 1-10　偏置项有助于更好地拟合数据

1.2.7 激活函数

激活函数的主要作用是决定神经元/感知器是否应该被激活。在后面的网络训练过程中,激活函数在梯度调整方面起着核心的作用。激活函数有时也被称为**传递函数**。

激活函数的非线性行为允许深度学习网络模型能够学习复杂的行为。我们将在第 2 章具体讨论什么是非线性行为。

1. S型函数

S型函数是一个有界单调上升函数。它是一个具有S形曲线的可微函数,其一阶导函数的图像为钟形。S型函数对所有的实数输入值均有定义,并且具有非负的导函数。如果某个神经元的输出值范围为$[0,1]$,就可以使用S型函数作为这个神经元的激活函数。

S型函数的曲线如图1-11所示。S型函数不是以零点为中心,它的取值范围为$[0,1]$。S型曲线会面临梯度消失问题。S型函数的数学表达式为:

$$S(x) = \frac{1}{1+e^{-x}} = \frac{e^x}{e^x+1} \tag{1-1}$$

S型函数可以应用于复杂的学习系统,例如S型函数可用于二元分类网络模型的最终输出层。通常在某个特定数学模型不适用时使用S型函数。使用S型函数可能会面临梯度消失问题,后续章节相关内容会讨论这个问题。

2. tanh函数

在数学中,双曲正切(tanh)函数是一个可微的双曲函数,是S型函数的缩放版本。它是一个光滑的函数,tanh函数经过原点,其输出值的范围为$[-1,+1]$。

与S型函数类似,tanh函数也会面临梯度消失问题,但它具有更加稳定的梯度值,面临的梯度消失问题相对较小。tanh函数图像如图1-12所示,数学表达式为:

$$\tanh(x) = \frac{e^x - e^{-x}}{e^x + e^{-x}} \tag{1-2}$$

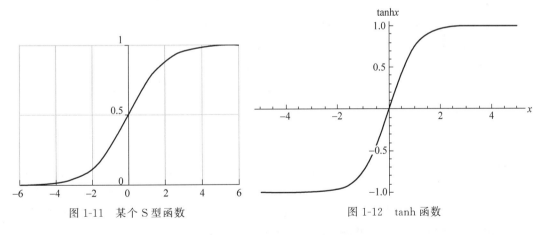

图1-11 某个S型函数   图1-12 tanh函数

tanh函数通常用于隐藏层。它会让平均值更接近于零,使得网络中下一层的训练更加容易。这也被称为数据居中。可以从S型函数推导tanh函数,反之亦然。类似于S型函数,tanh函数也会面临梯度消失问题,后续章节的相关内容会讨论这个问题。

3. 线性整流单元ReLU

线性整流单元ReLU是一个将输入数据校正为正数的激活函数。

ReLU 是一个比较简单的函数,具有最低的计算成本,训练速度也快得多。ReLU 是一个无界函数,它也不以 0 为中心。这个函数在除 0 之外的所有点处都是可微的。由于 ReLU 函数计算起来非常简单,因此比 S 型函数和 tanh 函数训练速度更快,有更高的使用频率。它一般用于网络的隐藏层。ReLU 函数图像如图 1-13 所示,ReLU 函数的数学表达式如下:

$$F(x) = \max(0, x) \qquad \text{若输入 } x \text{ 是正数,则输出 } x; \text{ 否则,输出 } 0 \qquad (1-3)$$

注意:即使 ReLU 函数的输入是负数,得到的函数值也是 0。并且从 0 开始,ReLU 函数的取值开始倾斜。

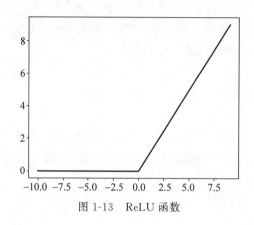

图 1-13　ReLU 函数

由于 ReLU 函数简单,计算成本较低,因此被广泛应用于隐藏层,以便更快地进行网络训练。在设计网络模型时也将使用 ReLU 激活函数。

4. Softmax 函数

通常在神经网络模型的最后一层使用 Softmax 函数生成网络模型的最终输出。输出结果可以是关于不同类别的图像的最终分类结果。

Softmax 函数计算每个目标类别在所有可能性上的概率。它是一个用于解决多类别分类问题的激活函数,能够使得神经网络模型所有输出值的总和为 1。

例如,对于输入数据[1, 2, 3, 4, 4, 3, 2, 1],对它们取 Softmax,得到相应的输出为 [0.024, 0.064, 0.175, 0.475, 0.024, 0.064, 0.175]。该输出将最大的权重分配给最大值,在本例中为 4。因此,可以使用 Softmax 函数突出最大值的价值。一个更加实际的例子是,如果输出的数量是表示一个图像为汽车、自行车或卡车图像的类别信息,那么可以使用 Softmax 函数生成分别对应这三个类别的三个概率值,并将概率值最高的类别作为被预测的类别。

除了已经讨论的激活函数,还存在其他的激活函数,如 Leaky ReLU、ELU 等,主要的激活函数及其特性如表 1-1 所示。

表 1-1 主要的激活函数及其特性

激活函数	值域	优 点	缺 点
S 型函数	$[0,1]$	非线性 工作原理简单 连续可微 单调,不会放大激活	输出值不以 0 为中心 梯度消失问题 训练缓慢
tanh 函数	$[-1,1]$	与 S 型函数相似 梯度值更稳定,优于 S 型函数	梯度消失问题
ReLU	$[0,\infty]$	非线性 易于计算,训练速度快 解决了梯度消失的问题	只能用于隐藏层 会放大激活 对于 $x<0$ 的部分,梯度是 0,因此,权重得不到更新(ReLU 死亡问题)
Leaky ReLU	$\max(0,x)$	ReLU 的一种变体 修复了 ReLU 死亡的问题	不能用于复杂的识别问题
ELU	$[0,\infty]$	ReLU 的一种替代选择 输出更加平滑	会放大激活
Softmax	计算概率	一般用于输出层	

激活函数构成了网络模型的核心组成部分。1.3.8 节将讨论学习率,学习率可以指导网络如何进行学习和对训练过程的优化。

1.2.8 学习率

对于一个神经网络而言,学习率将确定模型为减少误差而采取的更正步长的大小。学习率越高,得到模型准确率就越低,但模型训练需要的时间会越短;学习率越低,模型训练的时间就越长,但是得到的模型准确率就越高。必须在模型准确率和模型训练时间之间进行权衡,才能获得学习率的最优取值。

具体来说,学习率将决定网络训练过程中对权重调整的程度。学习率将直接影响网络训练算法收敛和达到全局最小值所需的时间。在大多数情况下,0.01 的学习率是可以接受的。

1.2.9 反向传播

模型训练的目标是减少模型预测的误差。学习率通过确定步长大小的方式来减少模型的预测误差。反向传播算法则被用来优化调整神经元之间的连接权重。对这些连接权重的优化调整计算根据模型的预测误差按从后向前的方向进行。然后,根据调整后的连接权重重新计算模型的预测误差,并且使用梯度下降算法再次调整各个连接权重。

图 1-14 给出了模型的预测误差信息(梯度)从输出层返回到隐藏层的反向传播过程。根据模型预测,信息从输出端向后流向输入端,然后重新计算网络连接权重。

> **注意**：与正向传播的从左向右信息流相比，这里的信息传播的方向则是反向传播的。

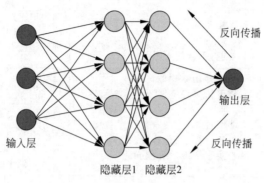

反向传播

输出层

反向传播

输入层

隐藏层1　隐藏层2

图 1-14　神经网络中的反向传播

一旦网络模型做出预测，就可以计算模型的预测误差，即期望与预测值之间的差值。这个差值称为代价函数。神经网络根据代价函数的取值优化调整其权重和偏置，使得模型预测的结果更加接近实际值，即使误差最小化。这就是模型训练在反向传播期间完成的工作。

> **注意**：可以通过回顾微分的演算过程更好地理解反向传播算法。

在反向传播的过程中，网络连接的权重参数被反复迭代更新和优化调整，调整的幅度由代价函数相对于这些参数的梯度决定。利用微分链式法则计算可以获得梯度，利用梯度可以确定需要在哪个方向调整权重，从而使代价函数最小化。通过使用微分链式法则，每次可以计算网络某一层的梯度，从网络模型的最后一层反向迭代到网络模型的第一层。这样做是为了避免在微分链式法则中重复计算中间项。

在训练神经网络的过程中，有时会遇到梯度消失的问题。梯度消失问题是指当梯度值接近于零时，网络的初始层停止学习的现象。由于梯度消失，网络模型的初始层无法学习任何东西，造成网络模型的训练过程不稳定，第 6 章和第 8 章会再次讨论梯度消失问题。

下面讨论模型对训练数据的过度拟合问题，这是网络模型训练过程中最为常见的问题。

1.2.10　过度拟合

网络模型学习特征和模式都是利用训练样本数据。如果基于训练样本数据训练而成的机器学习模型在未能观察到的数据上仍然具有良好的表现，就可以使用这个模型进行预测。

为了衡量机器学习模型的准确性，必须评估网络模型在训练数据集和测试数据集上的性能。在通常情况下，由训练样本训练而成的网络模型能够很好地拟合训练数据，并能够获得良好的训练精度，然而在测试/验证样本数据集上，模型的准确度会下降，这称作网络模型对训练样本数据的**过度拟合**。简单地说，如果网络模型在训练样本数据集上工作得很好，但在未能观察到的样本数据集上工作得不是很好，这就是过度拟合问题。

　　为了解决过度拟合问题,可以使用更多的训练数据训练网络模型,或者降低网络模型的复杂性。为了降低网络模型的复杂度,可以减少网络权重参数的数量,限制权重的取值范围,或者简化网络模型自身的结构。

　　批的归一化和 **Dropout** 是常见的两种缓解过度拟合问题的技术。

　　批的归一化是一种正则化方法。该方法将网络层的输出数据归一化为均值为零、标准差为 1 的数据。这样可以减少数据对权重初始化的主导影响,从而减少过度拟合的程度。

　　Dropout 是另一种解决过度拟合问题的技术,这也是一种正则化方法。在模型训练过程中,有些层神经元的输出会被随机剔除或忽略,对于每一个随机剔除神经元输出组合都可以得到不同结构的神经网络模型,这也会使模型训练的过程变得比较复杂。图 1-15(a)是一个标准的神经网络模型,图 1-15(b)网络模型是 Dropout 后的结果,在 Dropout 之前,网络模型可能会出现过度拟合。在 Dropout 之后,随机去除一些神经元的连接后,网络模型可能不会产生过度拟合问题

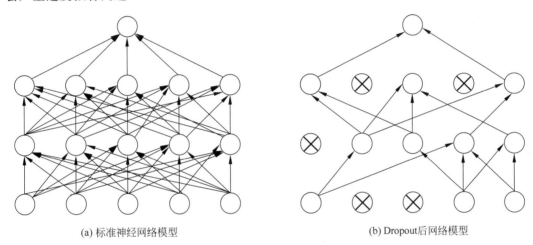

(a) 标准神经网络模型　　　　　　　　　　(b) Dropout后网络模型

图 1-15　Dropout 前后,网络模型对比

　　有了 Dropout 方法,就可以处理网络模型中的过度拟合问题,并得到一个更具鲁棒性的解决方案。

1.2.11　梯度下降算法

　　机器学习模型求解的目的是找到最优的模型参数取值。梯度下降算法可以实现在训练阶段尽可能地减少损失函数的取值或最大化模型的精确度。

　　梯度下降算法是一种常用的最优化技术,主要用于求解函数的全局最小值或全局最大值。该方法按照函数值下降最陡峭的方向进行迭代计算,这个方向由函数梯度的相反数进行定义。

　　然而,对于数量非常庞大的样本数据集来说,由于梯度下降算法的每次迭代计算都需要对训练数据集中的每个样本进行预测,所以梯度下降算法在整个样本集合上进行迭代计算,运行速度很慢。如果记录很多(多达数千条),会花费很多的计算时间。对于这种情况,一般

会使用**随机梯度下降算法**。

在随机梯度下降算法中,系数会针对每个训练样本进行更新,而不是在对所有训练样本进行批处理后再进行更新,因此只需要较少的时间就可以完成网络参数的更新计算。

图 1-16 给出了梯度下降算法的工作方式。请注意观察如何向下推进到函数的全局最小值。训练网络模型的目的是最小化所遇到的模型预测误差。

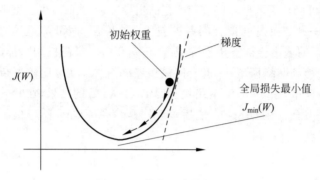

图 1-16　梯度下降的概念

考察机器学习模型有效性的方法是度量模型预测与实际值之间的差距或距离。通常使用某种损失函数来定义这种差距或距离。

1.2.12　损失函数

损失是一种用于衡量模型预测准确性的度量指标。简单来说,损失就是度量实际值和模型预测值之间的差值。用来计算这种损失的函数称为损失函数。

即使是同一损失,使用不同的损失函数也会得到不同的取值。而且由于损失函数的不同,各个模型的性能也会有所不同。

对于回归和分类问题,会分别使用不同的损失函数。交叉熵损失是一种用于模型优化计算的常用损失函数。通常使用均方误差损失函数计算模型实际输出值和期望输出值之间的误差。一些研究者建议用交叉熵误差代替均方误差。表 1-2 给出了几种常用的损失函数。

表 1-2　常用损失函数

损 失 函 数	损失的方程	用 途
交叉熵	$-y(\log(p)+(1-y)\log(1-p))$	分类
Hinge	$\max(0,1-yf(x))$	分类
绝对误差	$\lvert y-f(x)\rvert$	回归
平方误差	$[y-f(x)]^2$	回归
Huber	$L_\delta=\dfrac{1}{2}\big[y-f(x)\big]^2,\lvert y-f(x)\rvert\leqslant\delta$ $L_\delta=\lvert y-f(x)\rvert-\dfrac{1}{2}\delta^2,\lvert y-f(x)\rvert>\delta$	回归

1.3　深度学习的工作原理

1.3.1　深度学习过程

深度学习网络模型有不同的网络层,根据前述的深度学习概念,本节介绍如何将这些片段组合在一起及如何协调整个的学习过程。整个学习的过程由以下几个步骤组成。

1. 步骤1

从技术上讲,由网络层实现的数据转换必须通过对网络模型权重参数化的方式来实现,通常也将这些网络模型的权重称为网络层的参数。

那么到底什么是所谓的学习。神经网络的学习其实就是为网络模型的所有网络层寻找最佳的权重组合和取值,从而达到最佳的模型预测准确度。由于深度神经网络可以有很多这样的参数值,所以必须找到所有这些参数的最优取值组合。考虑到改变某个参数的取值会影响到其他参数的取值,这似乎是一项非常艰巨的任务。

图1-17所示为神经网络进行数据转换的具体过程。首先是输入数据层接收样本数据,然后使用两个数据转换层进行数据转换,每个数据转换层都有与它们相关联的权重,最后是对目标变量Y进行预测。

将图像样本数据输入网络模型的输入层,然后在数据转换层中进行数据转换,实现对权重的定义,并进行初始的预测。

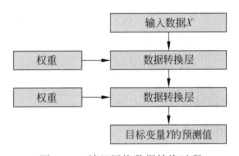

图1-17　神经网络数据转换过程

2. 步骤2

在步骤1中已经创建了关于神经网络模型的基本框架,现在需要衡量这个网络模型的准确度。如果要控制神经网络的输出,必须比较和对照输模型输出结果的准确度。

提示:准确度指的是预测结果距离实际值有多远。简单地说,相比较实际真值,预测结果的好坏是衡量准确度的一个标准。

模型预测准确度可以是通过网络模型的损失函数进行衡量,有时候也将这个损失函数称为目标函数。损失函数采用网络模型的预测值和目标值实际目标值进行计算。这些实际值就是期望网络模型输出的值。损失函数通过计算预测值和目标值之间的距离获得评分,并由此捕捉网络模型的性能表现。

更新图1-17,添加损失函数和与之相对应的损失评分,得到图1-18。增加损失函数有助于衡量网络模型的预测准确度;损失是实际值和预测值之间的差异。在这一阶段,根据误差值了解网络模型的预测性能。

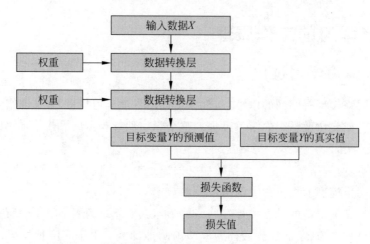

图 1-18 增加损失函数以度量网络模型的预测准确度

3. 步骤 3

必须最大限度地提高模型预测准确度或降低损失,这样训练得到的网络模型的预测结果具有良好的鲁棒性和准确性。

为了能够不断地降低损失值,使用分数(预测-实际)作为反馈信号调整网络权重参数的取值,这项工作是由优化器负责完成的。具体地说,这个任务是由反向传播算法负责完成的,有时候也将反向传播算法称为深度学习的核心算法。

首先,需要对网络模型的权重参数进行随机化的初始值赋,这样网络模型就实现一系列的随机变换。从逻辑上讲,此时得到的模型输出结果与预期值有着很大的差异,因此此时的损失分数很高。

但是,情况会逐渐有所改善。在神经网络模型的训练过程中,会不断遇到新的训练样本。对于每个新的训练样本,权重会向正确的方向做稍小调整,损失分数会随之有所减少。对这个训练循环进行多次的迭代计算,最后,模型会获得最优的网络权重值,实现损失函数值的最小化。

此时,即以最小的损失建立了一个训练有素的网络模型,这就意味着实际值和网络模型给出的预测值非常接近。如图 1-19 所示,为了实现完整的机器学习解决方案,对此机制进行了扩展。其中,优化器定期持续地提供反馈信息,实现对网络权重参数的优化,以获得最佳的网络模型。这就是反向传播算法的具体过程,这个算法确保了模型的预测误差被迭代地减少。

一旦网络模型实现了最好的价值,就可以说网络模型已经训练好了,可以用这个网络模型对未能观察到的样本数据进行预测。

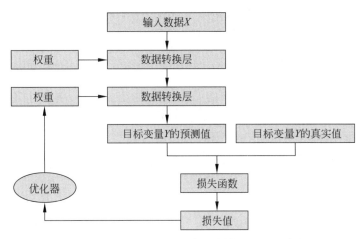

图 1-19　增加优化器以迭代提高模型预测准确度

1.3.2　流行的深度学习程序库

目前已有相当多的可用的深度学习程序库或程序框架。因为大部分繁重的工作都是由这些库完成的,所以利用程序库可以更快地开发网络模型。最受欢迎的程序框架如下所述。

1. TensorFlow

由 Google 开发并在 2015 年推出的 TensorFlow 可以说是目前最流行和应用最广泛的一个深度学习程序框架,目前已被全球多家企业和品牌所使用。

TensorFlow 主要适用于 Python 语言,但也可以使用 C++、Java、C♯、JavaScript 和 Julia 语言进行开发。要使用 TensorFlow 进行开发,必须在系统上安装并导入 TensorFlow。

注意：可以访问 www.tensorflow.org/install 并按照说明安装 TensorFlow。

在对模型体系结构进行任何修改时,必须对 TensorFlow 模型进行重新训练。TensorFlow 模型使用的是静态计算图,这意味着需要首先定义计算图,然后进行计算。

TensorFlow 程序库也可以在基于 iOS 和 Android 等的移动设备上运行。

2. Keras

对于初学者来说,Keras 是最简单的深度学习一个程序框架,可用于理解和创建简单的概念原型。Keras 最初发布于 2015 年,是最值得推荐的用于理解神经网络模型微妙之处的程序库。

注意：可以访问 https://keras.io 并按照说明安装 Keras 程序库。可以将 Tf. keras 作为 API 进行使用,在本书中会经常使用它。

Keras 是一个成熟的基于 API 驱动的解决方案。Keras 中的原型设计已经做到了极致，基于 Python 生成器的序列化/反序列化 API，以及回调和数据流技术都非常成熟。Keras 中的大量模型被简化为单行函数，这使得它具有更少的环境配置。

3. PyTorch

2016 年发布的 PyTorch 程序框架是 Facebook 的智力结晶，它是目前较为流行的一种深度学习程序库。可以在 PyTorch 中使用调试器，例如 pdb 或 PyCharm。PyTorch 使用基于动态更新的计算图进行操作，并允许数据进行并行和分布式的网络模型训练。对于小型项目和原型系统设计，建议选择 PyTorch；然而，对于跨平台解决方案，TensorFlow 是更好的选择。

4. Sonnet

DeepMind 的 Sonnet 是在 TensorFlow 的基础上开发完成的。Sonnet 专门用于构建复杂的神经网络应用和体系结构。

Sonnet 创建了主要的 Python 对象，这些对象对应神经网络（Neural Network，NN）模型的特定部分，并将这些 Python 对象独立地连接到 TensorFlow 计算图。Sonnet 创建对象的过程适当地划分为多个部分，并且使用计算图将对象联系起来，大大简化了设计。而且，Sonnet 拥有高水平的面向对象的库，也有助于在开发机器学习算法时进行抽象化处理。

5. MXNet

Apache 的 MXNet 是一个高度可扩展的深度学习工具，易于使用，并且拥有比较详细的说明文档。MXNet 支持 C++、Python、R、Julia、JavaScript、Scala、Go 和 Perl 等语言。

除了以上几种，还有其他程序框架，比如 Swift、Gluon、Chainer、DL4J 等。表 1-3 列出了主要的深度学习程序框架及其基本属性。

表 1-3 主要的深度学习程序框架

框　　架	来　　源	属　　　性
TensorFlow	开源	最流行，也适用于移动设备，TensorBoard 提供可视化
Keras	开源	API 驱动的成熟解决方案，非常容易使用
PyTorch	开源	允许数据并行，非常有利于快速构建产品
Sonnet	开源	简化设计，创建高层对象
MXNet	开源	高度可扩展，易于使用
MAT LAB	特许	高度可配置，提供部署功能

1.4　小结

深度学习知识的掌握过程是一种持续的学习体验，需要自律、努力和大量的时间和精力投入。本章讨论了有关图像处理和深度学习的一些基本概念，构成了整本书的基石。同时，还完成了 3 个使用 OpenCV 开发的解决方案。

第 2 章将深入讨论 TensorFlow 和 Keras 程序框架。读者可以学习使用卷积神经网络开发从网络模型设计、训练到实施的一个完整的解决方案。

习题

（1）图像处理的基本步骤有哪些？

（2）使用 OpenCV 开发一个目标检测应用。

（3）深度学习网络模型的训练过程是怎样的？

（4）什么是过度拟合问题？如何减轻过度拟合的影响？

（5）常用的激活函数有哪些？

拓展阅读

［1］ Culjak I，Abram D，Pribanic T，et al. A brief introduction to OpenCV［EB/OL］//Proceedings of the 35th International Convention MIPRO，2012.

［2］ Naveenkumar M，Vadivel A. OpenCV for computer vision applications［C］//Proceedings of National Conference on Big Data and Cloud Computing，2015.

［3］ OpenCV documents［EB/OL］. https://docs. opencv. org/.

［4］ Abadi M，Barham P，Chen J，et al. TensorFlow：A system for large-scale machine learning［C］// Proceedings of the 12th USENIX Symposium on Operating Systems Design and Implementation，2016.

［5］ Schmidhube J. Deep learning in neural networks：an overview［J］. Neural Networks，2015，61：85-117.

第 2 章

面向计算机视觉的深度学习

与其说心灵是一个需要装满的容器，不如说它是一团需要点燃的火焰。

——Plutarch

人类有幸拥有非凡的思维能力，进而可以辨别是非，开发新技能，进行合理的决策。人们的视觉能力没有受到制约，不管处于什么样的姿态和处于什么样的背景，都能够识别出人脸。我们能够区分汽车、桌子、电话等物体，而不需要考虑它们的品牌和类型。我们可以识别出颜色和形状，并且很容易就能够对它们进行清晰的区分。这种能力是通过周期性和系统性的方式发展起来的。在年轻的时候，我们就不断地学习事物的属性，拓展知识，这些信息被安全地保存在记忆之中。随着时间的推移，知识不断地积累，学习能力也会不断地提高，就形成了反复训练眼睛和思想的惊人过程。人们经常认为，深度学习起源于一种模仿这些非凡能力的机制。在计算机视觉领域，深度学习有助于发现一些能力，这些能力可以促进研发出用于实际生产的计算机视觉系统。虽然深度学习已经进化了很多，但是仍然有进一步发展的巨大空间。

第 1 章讨论了深度学习的基本知识。本章将以这些知识为基础，更加深入地了解神经网络模型的各个网络层，并使用 Keras 和 Python 创建一个深度学习解决方案。

本章将讨论以下主题：

- 什么是张量以及如何使用 TensorFlow；
- 揭秘卷积神经网络；
- 卷积神经网络的组成部件；
- 开发用于图像识别的卷积神经网络。

本章有关代码和数据集已经上传到 GitHub 链接 https://github. com/Apress/computer-vision-using-deep-learning/tree/main/Chapter2 中，建议使用 Jupyter Notebook 代码编辑器。对于本章内容，常用计算机的 CPU 就足以执行全部的代码。但是，如果需要的话，也可以使用 Google Colaboratory。如果读者不会设置 Google Colaboratory，可以参考本书附录列出的参考信息。

2.1　使用 TensorFlow 和 Keras 进行深度学习

TensorFlow 和 Keras 是最常见的开源程序库。TensorFlow 是一个基于 Google 的机器学习平台。Keras 是在其他深度学习工具包(如 TensorFlow、Theano、CNTK 等)之上开发的一个程序框架。它内置对卷积神经网络(Convolutional Neural Network,CNN)和循环神经网络(Recurrent Neural Network,RNN)的支持。

提示：Keras 是一个基于 API 驱动的解决方案；大部分繁重的工作已经在 Keras 中完成了。这使得 Keras 更容易被使用,因此将它推荐给初学者。

TensorFlow 中的计算使用数据流图完成,其中数据是由边(其实就是张量或多维数据数组)和代表数学运算的节点表示。

2.2　张量

首先回想一下高中数学对标量和向量的定义,可以将向量形象化地表示为具有方向的标量。例如,50km/h 的速率是一个标量,而方向向北的 50km/h 的速度则是一个向量。这就意味着向量是具有方向的标量。一个张量会有多个方向,即张量是具有多个方向的标量。

根据数学定义,张量是一个可以在两个代数对象之间提供线性映射的对象。这些对象本身可以是标量、向量甚至是张量。张量可以在向量空间中进行可视化表示,如图 2-1 所示。一个张量可以有多个方向的投影。张量可以认为是一个由分量描述的数学实体。通常根据一组基完成对张量的描述,如果基发生了改变,那么张量也必须发生改变。坐标变换就是一个例子,如果在不同的基上进行变换,张量的数值也会发生变化。TensorFlow 使用这些张量进行复杂的计算。

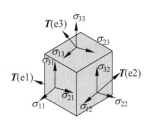

图 2-1　张量在向量空间中的可视化表示

首先进行一个计算,将两个常量相乘,检查是否正确安装了 TensorFlow,

(1) 导入 TensorFlow。

```
import tensorflow as tf
```

(2) 初始化两个常量。

```
a = tf.constant([1,1,1,1])
b = tf.constant([2,2,2,2])
```

(3) 将两个常量相乘。

```
product_results = tf.multiply(a, b)
```

（4）输出最终结果。

```
print(product_results)
```

如果能得到结果,那么就可以开始下一步的学习了。

2.3　卷积神经网络

当看到某个图像或某张脸的时候,可以立即完成对它们的识别,这是人类拥有的一项基本技能。这个识别过程是大量的小型过程融合的过程,需要视觉系统中的各个重要组成部分之间进行充分的协调工作。

CNN 可以利用深度学习方法复制人类这种惊人的能力。

如何区分猫和狗呢? 猫和狗之间不同的属性特征可以是耳朵、胡须、鼻子等。神经网络模型有助于提取图像中有意义的属性特征。换句话说,CNN 会提取猫和狗之间的属性特征。CNN 模型在图像分类、目标检测、目标跟踪、图像字幕、人脸识别等方面具有非常强大的能力。

接下来深入讨论关于 CNN 模型的一些概念。

2.3.1　卷积

使用卷积计算的主要目的是提取对图像分类、目标检测等有重要意义的特征。这些特征包括边缘、曲线、颜色、线条等信息。网络模型一旦很好地完成了卷积计算训练过程,就可以从图像中学习到作为图像中显著标志点的属性特征,并且可以在图像中的任何地方检测到这些特征。

假设有一张 32×32 大小的图像。这就意味着如果它是一幅(RGB)彩色图像,那么就可以将它表示为 32×32×3 个像素。现在在这个图像上移动(或卷积)一个 5×5 大小的区域,并且覆盖整个图像。这个过程就叫作卷积。从左上角开始,这个小的区域将贯穿整个图像。图 2-2 展示了一个卷积过程,左侧为输入层,右侧为输出层,使用 5×5 大小的过滤器对 32×32 大小的图像实施卷积计算。

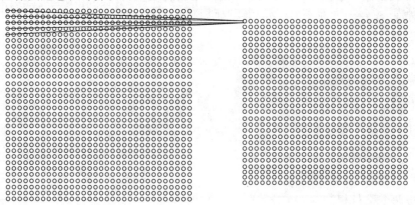

图 2-2　卷积过程示例

通过整个图像的5×5区域称为过滤器,有时也将其称为**卷积核**或**特征检测器**。图 2-2 中突出显示的区域称为过滤器的接受域。因此,过滤器只是一个由被称为权重的数值组成的矩阵。这些权重在网络模型训练过程中被训练和更新。这个过滤器可以移动到图像中的每个部分。

图 2-3 提供了一个计算实例理解卷积计算的完整过程,卷积是完成图像中对应元素的相乘和加法的过程。在第一幅图像中,得到的卷积计算输出结果是 3,在第二幅图像中,过滤器向右移动了一个位置,得到的卷积计算输出结果是 2。原图大小为5×5,过滤器大小为3×3。过滤器在整个图像中连续移动并生成卷积计算结果的输出。

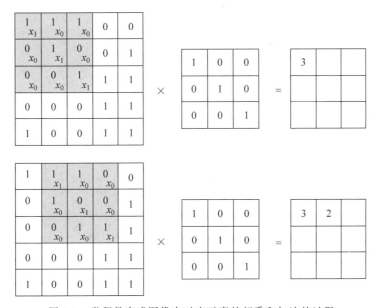

图 2-3　卷积是完成图像中对应元素的相乘和加法的过程

在图 2-3 中,3×3 大小过滤器对整个图像进行卷积计算。可以使用过滤器检查图像中是否存在需要检测的属性特征。过滤器完成对图像进行卷积计算的过程,就是对两个矩阵之间的对应元素进行乘积以后再相加求和。如果图像中的某个部分存在某个特征,那么过滤器和图像这个部分的卷积计算输出结果会是一个较大的数值。如果该特征不存在,那么相应的卷积计算输出结果将会是一个比较小的数值。因此,这个卷积计算的输出值表示了过滤器对图像中某个特定特征的确定程度。

在整个图像上移动这个过滤器,得到一个名为特征映射或激活映射的输出矩阵。这个特征图包含了过滤器在整个图像上的卷积计算结果。

假设输入图像的大小是(n,n),过滤器的大小是(x,x)。那么,CNN 层之后的输出矩阵的是大小$[(n-x+1),(n-x+1)]$。因此,在图 2-3 的例子中,输出矩阵大小为$(5-3+1,5-3+1)=(3,3)$。

还有一个名为通道(channel)的组件非常有趣。通道是卷积过程中涉及的矩阵的深度,过滤器将应用于输入图像中的每个通道。如图 2-4 所示,输入图像的大小是 $5\times5\times3$,过滤器大小为 $3\times3\times3$,因此输出的图像大小为 3×3。注意,过滤器应该有与输入图像完全相同的通道数,图 2-4 中通道数为 3。此时可以允许矩阵之间的元素级别的对应元素进行乘法运算。

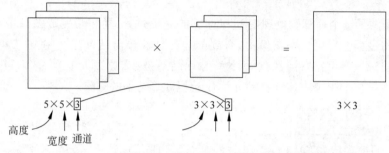

$5\times5\times\boxed{3}$ $\qquad$ $3\times3\times\boxed{3}$ $\qquad$ 3×3

高度
宽度 通道

图 2-4　过滤器应该具有与输入图像相同数量的通道

另外,过滤器可以使用不同的像素间隔在输入图像上滑动。这个间隔值称为步长,它表明过滤器在每个移动步骤中应该移动多少个像素间隔。过滤器移动的具体过程如图 2-5 所示。对于图 2-5(a),过滤器移动的步长为 1,对于图 2-5(b),过滤器移动的步长为 2。

1	0	1	0	1
0	1	0	1	0
1	0	0	1	1
0	1	0	0	1
1	0	0	0	1

1	0	1	0	1
0	1	0	1	0
1	0	0	0	1
0	1	0	0	1
1	0	0	0	1

(a) 步长为1

1	0	1	0	1
0	1	0	1	0
1	0	0	1	1
0	1	0	0	1
1	0	0	0	1

1	0	1	0	1
0	1	0	1	0
1	0	0	1	1
0	1	0	0	1
1	0	0	0	1

(b) 步长为2

图 2-5　步长对卷积计算的影响

在卷积计算的过程中,将很快失去那些沿着边缘分布的像素。正如在图 2-3 中所看到的那样,一个 5×5 的图像变成了一个 3×3 的图像,这种损失将随着层数的增加而增加。为了解决这个问题,需要有一个填充的概念,即在对图像的填充处理过程中,向正在处理的图像边缘部分添加一些像素。例如,可以用 0 填充图像的边缘部分,如图 2-6 所示。使用这种填充技术会使得图像在卷积神经网络中得到更好的分析并由此获得更好的输出结果。

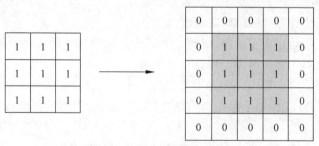

图 2-6　将 0 填充到输入图像

基于前面介绍的 CNN 的主要组成部分,把这些概念组合起来,创建一个小的卷积计算过程。如果有一个大小为 $n \times n$ 的图像,应用一个大小为 f 的过滤器,并且规定步长为 s,填充为 p,那么经过这个卷积计算过程所得到的输出结果为

$$[(n+2p-f)/s+1],[(n+2p-f)/s+1] \tag{2-1}$$

图 2-7 给出了卷积计算的具体流程。首先有一个大小为 37×37 的输入图像和一个大小为 3×3 的过滤器,过滤器的数量是 10,步长是 1,填充是 0。根据式(2-1),可以得到卷积计算的输出为 $35 \times 35 \times 10$。

图 2-7　卷积计算的具体流程

卷积计算有助于提取图像中的重要属性特征。靠近网络初始层(输入图像)的网络层学习到的是低阶特征,而最后一层学习到的是高阶特征。在网络初始层提取的通常是边缘、曲线等特征,更深的网络层则将从这些底层特征(如人脸、物体等)中学习到形状特征等高层特征。

这个计算看起来很复杂,随着网络的深入,这种复杂性也会增加。那么我们该如何应对呢?池化层就是答案。

2.3.2　池化层

使用前述卷积层的卷积计算,就可以获得关于输入图像数据的特征图。然而,随着网络层数的加深,这种卷积计算会变得非常复杂。这是因为随着网络层和神经元的增加,网络模型的维度也随之增加。因此,整个网络模型的复杂性也随之增加。

这里还会遇到一个挑战:对图像的任何一种增强处理通常都会使特征图发生改变。例如,对图像数据的一个旋转变换就会改变某个特征在图像中的位置,因此相应的特征图也会发生改变。

注意:如果面临无法获得充分原始数据的情况,图像增强是一种值得推荐的用来产生新增图像样本数据的方法,可以通过这种方法增加用于训练模型的训练样本数据。

特征图的这种变化可以通过降采样方法得到解决。经过降采样的处理,输入图像的分辨率会降低,网络模型中池化层可以帮助我们实现这个效果。

在卷积层之后添加一个池化层,并且分别对每个特征图进行单独的操作,由此可以得到了一组新的特征图集合。这个操作的筛选器的大小应该要小于特征图的大小。

通常在卷积层之后使用池化层。一个 3×3 像素的池化层使用 1 个像素的步长就可以将特征图的大小缩小 2 倍,这就意味着每个维度都减少了一半。例如,如果将池化层应用于 8×8(64 像素)的特征图,那么得到的输出将是 4×4(16 像素)的特征图。

池化层有两种类型:**平均池化**和**最大池化**。前者取特征图中每个批量的平均值,后者取特征图中每个批量的最大值,如图 2-8 所示。

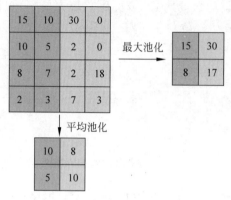

图 2-8　右边是最大池化,底部是平均池化

如图 2-8 所示,平均池化层对这 4 个数字取平均值,最大池化则是从这 4 个数字中取最大值。

还有一个更重要的概念是关于全连接层的,在准备创建一个 CNN 模型之前应该了解全连接层掌握这个概念后,就可以继续深入探讨 CNN 了。

2.3.3　全连接层

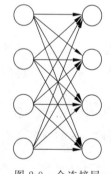

图 2-9　全连接层

全连接层从前一层的输出(高级特征的激活映射)中获取输入,并输出一个 n 元向量,这里 n 是不同类别的数量。

例如,如果模型预测的目标是确定某张图像是否为关于一匹马的图像,那么关于全连接层的激活图中将会具有尾巴、腿等高级特征。全连接层如图 2-9 所示。

全连接层将查看与特定类别最为接近的特征,并且具有特定的权重。这样做的目的是在将权重和前一层输出进行相乘时,可以得到关于不同类别的正确概率。

在已经了解了 CNN 模型和它的组成部分后,就可以创建一个深度学习解决方案实现对猫和狗的分类。

2.4　开发基于 CNN 的深度学习解决方案

使用 CNN 创建一个深度学习解决方案。深度学习的“Hello World”就是 MNIST 数据集。它是一组手写数字，如图 2-10 所示。

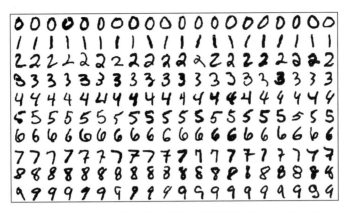

图 2-10 MNIST 数据集：图像识别领域的"Hello World"

通过本间的拓展阅读可以查阅关于识别 MNIST 图像的著名论文。为了避免重复，已在 GitHub 上传了整个代码。

在这个深度学习解决方案中，将根据猫和狗的图像来实现模型的分类功能。该数据集可在 www.kaggle.com/c/dogs-vs-cats 获得。具体步骤如下所示。

（1）构建数据集。从 Kaggle 下载数据集，解压缩数据集后发现两个文件夹：test 和 train；删除 test 文件夹，并重新创建自己的测试文件夹；在 train 和 test 文件夹中，创建两个子文件夹——cats 和 dogs，并将图像放在各自的文件夹中；从"train＞cats"文件夹中取一些图像，并把它们放到"test＞cats"文件夹中；从"train＞dogs"文件夹中取一些图像，然后把它们放到"test＞dogs"文件夹中；数据集构建完毕。

（2）导入所需的库。从 Keras 导入顺序层、池化层、激活层、扁平化层，也导入 NumPy。

```
from keras.models import Sequential
from keras.layers import Conv2D, Activation,
MaxPooling2D, Dense, Flatten, Dropout
import numpy as np
```

（3）初始化模型变量 catdogimagclassifier。

```
catDogImageclassifier = Sequential()
```

（4）向网络模型中添加层。Conv2D 将添加一个包含 32 个过滤器的二维卷积层。3，3 表示过滤器的大小（3 行 3 列）。以下输入图像形状为 64×64×3（高×宽×RGB）。每个数字表示像素的亮度值（0～255）。

```
catDogImageclassifier.add(Conv2D(32,(3,3),input_shape = (64,64,3)))
```

（5）最后一层的输出将是一个特征图。训练数据将会基于这个特征图进行工作，然后得到部分特征图。

（6）添加激活函数，此处使用了 ReLU（线性整流单元）。在前一层输出的特征图中，激活函数将会把所有取值的负像素值替换为零。

```
catDogImageclassifier.add(Activation('relu'))
```

注意：回想一下 ReLU 的定义：max(0,x)。ReLU 只允许出现正值，而对于负数则用 0 进行取代。通常只在隐藏层中使用 ReLU 激活函数。

（7）添加最大池化层，避免网络模型在计算上过于复杂。

```
catDogImageclassifier.add(MaxPooling2D(pool_size = (2,2)))
```

（8）将所有的三个卷积块相加。每个块都包括 Cov2D、ReLU 和最大池化层。

```
catDogImageclassifier.add(Conv2D(32,(3,3)))
catDogImageclassifier.add(Activation('relu'))
catDogImageclassifier.add(MaxPooling2D(pool_size = (2,2)))
catDogImageclassifier.add(Conv2D(32,(3,3)))
catDogImageclassifier.add(Activation('relu'))
catDogImageclassifier.add(MaxPooling2D(pool_size = (2,2)))
catDogImageclassifier.add(Conv2D(32,(3,3)))
catDogImageclassifier.add(Activation('relu'))
catDogImageclassifier.add(MaxPooling2D(pool_size = (2,2)))
```

（9）使用扁平化层将汇集的特征矩阵转换为只有一列的向量数据。

```
catDogImageclassifier.add(Flatten())
```

（10）在 ReLU 激活后添加稠密函数。

```
catDogImageclassifier.add(Dense(64))
catDogImageclassifier.add(Activation('relu'))
```

提示：为什么需要 tanh、ReLU 之类的非线性函数呢？如果只使用线性函数，那么输出也将是线性的，因此会在隐藏层中使用非线性函数。

（11）添加 Dropout 层克服过度拟合。

```
catDogImageclassifier.add(Dropout(0.5))
```

（12）添加一个完全连接的层以获得关于 n 个类别的输出（n 元向量）。

```
catDogImageclassifier.add(Dense(1))
```

（13）添加 S 型函数将类别向量转化为概率。

```
catDogImageclassifier.add(Activation('sigmoid'))
```

（14）输出关于网络的摘要总结，得到整个网络如图 2-11 所示，网络模型中共有 36961 个参数。读者可以尝试不同的网络结构，并评估这些不同的结构对网络性能的影响。

```
catDogImageclassifier.summary()
```

```
1  catDogImageclassifier.summary()

Layer (type)                     Output Shape          Param #
=================================================================
conv2d_27 (Conv2D)               (None, 62, 62, 32)     896

activation_22 (Activation)       (None, 62, 62, 32)     0

max_pooling2d_20 (MaxPooling     (None, 31, 31, 32)     0

conv2d_28 (Conv2D)               (None, 29, 29, 32)     9248

activation_23 (Activation)       (None, 29, 29, 32)     0

max_pooling2d_21 (MaxPooling     (None, 14, 14, 32)     0

conv2d_29 (Conv2D)               (None, 12, 12, 32)     9248

activation_24 (Activation)       (None, 12, 12, 32)     0

max_pooling2d_22 (MaxPooling     (None, 6, 6, 32)       0

conv2d_30 (Conv2D)               (None, 4, 4, 32)       9248

activation_25 (Activation)       (None, 4, 4, 32)       0

max_pooling2d_23 (MaxPooling     (None, 2, 2, 32)       0

flatten_2 (Flatten)              (None, 128)            0

dense_3 (Dense)                  (None, 64)             8256

activation_26 (Activation)       (None, 64)             0

dropout_2 (Dropout)              (None, 64)             0

dense_4 (Dense)                  (None, 1)              65

activation_27 (Activation)       (None, 1)              0
=================================================================
Total params: 36,961
Trainable params: 36,961
Non-trainable params: 0
```

图 2-11　网络摘要

（15）编译网络。使用梯度下降优化器 rmsprop，然后添加损失函数。

```
catDogImageclassifier.compile(optimizer = 'rmsprop', loss = 'binary_crossentropy',metrics =
['accuracy'])
```

（16）对数据进行缩进、缩放等操作，实现数据增强。这种做法还有助于解决过度拟合问题。使用 ImageDataGenerator 函数完成这项工作。

```
from keras.preprocessing.image import ImageDataGenerator
train_datagen = ImageDataGenerator(rescale = 1./255, shear_range = 0.25,zoom_range = 0.25,
horizontal_flip = True)
test_datagen = ImageDataGenerator(rescale = 1./255)
```

（17）加载训练数据。

```
training_set = train_datagen.flow_from_directory('/Users/DogsCats/train',target_size = (64,
```

```
64),batch_size= 32,class_mode='binary')
```

(18) 加载测试数据。

```
test_set = test_datagen.flow_from_directory('/Users/DogsCats/test', target_size = (64,64),
batch_size = 32,class_mode = 'binary')
```

(19) 现在开始进行模型训练。每个历元的步数为625,历元数为10。如果有1000张图像,小批量的大小为10,那么所需的步骤数将是100(1000/10)。根据网络的复杂性、给定的历元的数量等,编译需要花费相应的时间。测试数据集在这里作为validation_data进行传递。输出结果如图2-12所示。

```
from IPython.display import display
from PIL import Image catDogImageclassifier.fit_generator(training_set, steps_per_epoch =
625,epochs = 10, validation_data = test_set,validation_steps = 1000)
```

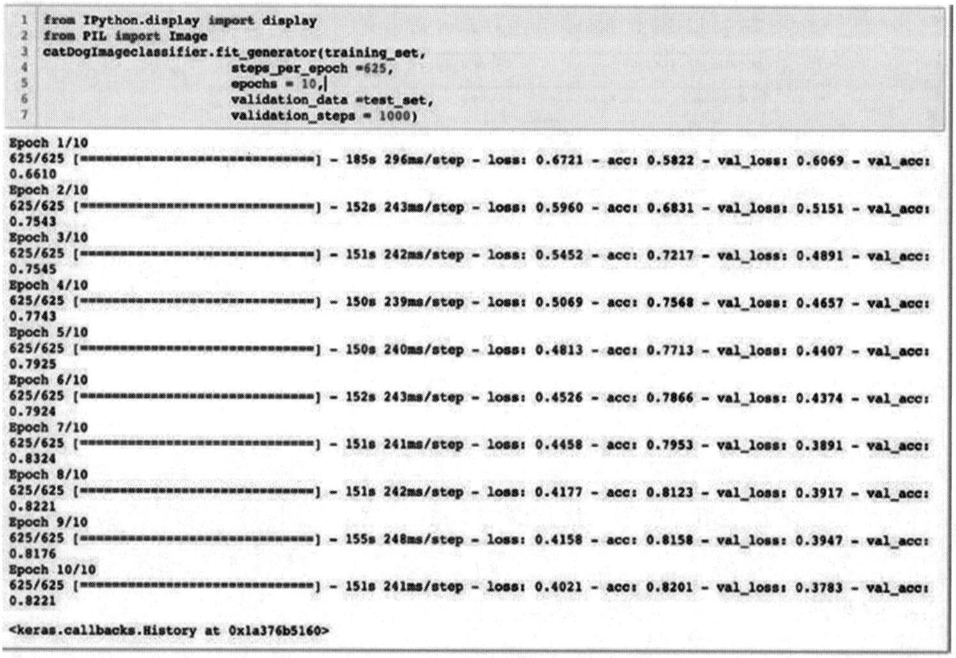

```
from IPython.display import display
from PIL import Image
catDogImageclassifier.fit_generator(training_set,
                         steps_per_epoch =625,
                         epochs = 10,
                         validation_data =test_set,
                         validation_steps = 1000)
Epoch 1/10
625/625 [==============================] - 185s 296ms/step - loss: 0.6721 - acc: 0.5822 - val_loss: 0.6069 - val_acc:
0.6610
Epoch 2/10
625/625 [==============================] - 152s 243ms/step - loss: 0.5960 - acc: 0.6831 - val_loss: 0.5151 - val_acc:
0.7543
Epoch 3/10
625/625 [==============================] - 151s 242ms/step - loss: 0.5452 - acc: 0.7217 - val_loss: 0.4891 - val_acc:
0.7545
Epoch 4/10
625/625 [==============================] - 150s 239ms/step - loss: 0.5069 - acc: 0.7568 - val_loss: 0.4657 - val_acc:
0.7743
Epoch 5/10
625/625 [==============================] - 150s 240ms/step - loss: 0.4813 - acc: 0.7713 - val_loss: 0.4407 - val_acc:
0.7925
Epoch 6/10
625/625 [==============================] - 152s 243ms/step - loss: 0.4526 - acc: 0.7866 - val_loss: 0.4374 - val_acc:
0.7924
Epoch 7/10
625/625 [==============================] - 151s 241ms/step - loss: 0.4458 - acc: 0.7953 - val_loss: 0.3891 - val_acc:
0.8324
Epoch 8/10
625/625 [==============================] - 151s 242ms/step - loss: 0.4177 - acc: 0.8123 - val_loss: 0.3917 - val_acc:
0.8221
Epoch 9/10
625/625 [==============================] - 155s 248ms/step - loss: 0.4158 - acc: 0.8158 - val_loss: 0.3947 - val_acc:
0.8176
Epoch 10/10
625/625 [==============================] - 151s 241ms/step - loss: 0.4021 - acc: 0.8201 - val_loss: 0.3783 - val_acc:
0.8221

<keras.callbacks.History at 0x1a376b5160>
```

图 2-12 10历元训练的输出结果

从结果可以看出,在最后一个历元得到了82.21%的验证准确度。在第7个历元中得到了83.24%的准确度,比最终的准确度要好。如果想要使用第7个历元创建的模型,可以通过训练和保存版本检查点来实现这个功能。后续章节会介绍创建和保存检查点的过程。将最终模型保存为一个文件,可以在需要时再次加载这个模型。模型将被保存为HDF5文件,以后可以重新使用。

```
catDogImageclassifier.save('catdog_cnn_model.h5')
```

提示：历元的数量是指通过完整训练数据集的次数。批量是每批训练实例的数量，迭代是完成一个历元所需要的批数。

（20）使用 load_model 加载已保存的网络模型。

```
from keras.models import load_model
catDogImageclassifier = load_model('catdog_cnn_model.h5')
```

（21）检络模型如何预测以前没见过的图像，图 2-13 为笔者使用的预测图像。后续的代码中会使用训练得到的模型对此图像进行预测。

（22）从文件夹中加载库和图像，在下面的代码中更改文件的位置。

```
import numpy as np
from keras.preprocessing import image
an_image = image.load_img('/Users/vaibhavverdhan/Book
Writing/2.jpg',target_size = (64,64))
```

图 2-13　一张用于检测模型准
确度的关于狗的图像

图像被转换成一个数字数组：

```
an_image = image.img_to_array(an_image)
```

扩展图像维度以提高模型的预测能力。维度扩展通常是扩展数组的形状并插入一个新轴，该轴出现在已扩展数组形状中的轴的位置。

```
an_image = np.expand_dims(an_image, axis = 0)
```

使用模型进行预测，将概率阈值设为 0.5。建议使用多个阈值进行测试，并检查模型预测的准确度。

```
verdict = catDogImageclassifier.predict(an_image) if verdict[0]
[0] >= 0.5:
prediction = 'dog'
else:
prediction = 'cat'
```

（23）打印最终的预测结果。

```
print(prediction)
```

该模型预测图像是一只"狗"。

这个示例使用 Keras 设计了神经网络模型，使用猫和狗的图像作为训练模型并对模型进行了测试。如果能够得到每个类别的图像样本，那么就可以训练一个多分类器。

读者完成了使用深度学习进行图像分类的应用案例后，可以使用自己的图像数据集进行模型训练,甚至可以创建关于多类别的分类模型。如果想使用这个模型进行实际预测,可以将编译后的模型文件(例如,'catdog_cnn_model.h5')部署到服务器上进行预测。本书最后一章详细讨论模型部署的相关知识。

2.5 小结

图像是信息和知识的丰富来源。通过分析图像数据集,可以解决很多业务问题。CNN模型正在引领着人工智能革命,尤其是在图像和视频领域。很多 CNN 模型被成功地应用于医疗行业、制造业、零售业、金融服务和保险业等领域。目前,有相当多的研究领域正在使用 CNN 模型。

基于 CNN 模型的解决方案是一种非常具有创新性和独特性的方法。在设计基于 CNN 模型的创新性解决方案时,需要解决很多具有挑战性的问题,如模型层数的选择、每层神经元的数量、要使用的激活函数、损失函数、优化器等。这些并不是一个简单的选择,而是取决于业务问题的复杂性、手头上可用的数据集和可用的计算能力。解决方案的有效性在很大程度上取决于可用的数据集。如果有定义明确的、可衡量的、精确的、可实现的业务目标,有一个有代表性的、完整的数据集,有足够的计算能力,那么很多业务问题都可以使用深度学习技术解决。

第 1 章介绍了计算机视觉和深度学习。第 2 章研究了卷积、池化和全连接层的概念。后续的学习中将会继续使用这些概念。

第 3 章开始讨论用于解决比较复杂的问题的网络架构,难度级别将会增加。网络体系结构会使用前两章中学习过的模型构件,也将研究这些网络并开发基于 Python 的解决方案。

习题

(1) CNN 的卷积过程是怎样的? 卷积的输出是如何计算出来的?

(2) 为什么隐藏层中需要使用非线性函数?

(3) 最大池化和平均池化的区别是什么?

(4) Dropout 是什么意思?

(5) 从 www.kaggle.com/puneet6060/intel-imageclassification 下载世界各地的自然场景图像数据,利用 CNN 模型开发图像分类模型。

(6) 从 https://github.com/zalandoresearch/fashionmnist 下载 Fashion MNIST 数据集,并开发一个图像分类模型。

拓展阅读

[1] Assessing Four Neural Networks on Handwritten Digit Recognition Dataset (MNIST)[EB/OL]. https://arxiv. org/pdf/1811. 08278. pdf.

[2] A Survey of the Recent Architectures of Deep Convolutional Neural Networks[EB/OL]. https://arxiv. org/pdf/1901. 06032. pdf.

[3] UnderstandingConvolutional Neural Networks with a Mathematical Model[EB/OL]. https://arxiv. org/pdf/1609. 04112. pdf.

[4] Evaluation of Pooling Operations inConvolutional Architectures for Object Recognition[EB/OL]. http://ais. uni-bonn. de/papers/icann2010_maxpool. pdf.

第 3 章

使用 LeNet 进行图像分类

千里之行，始于足下。

——老子

深度学习是一个不断发展的领域。从基本的神经网络开始，到现在能够解决大量业务问题的复杂架构，基于深度学习的图像处理和计算机视觉能力能够创造更好的癌症检测解决方案、降低污染水平、实施监控系统并改善消费者的体验。有时候，解决业务问题需要定制具有个性化的方法。根据现有的图像质量设计出需要的网络模型，以适应当前的业务问题需要。网络模型设计还要考虑使用可用的计算能力训练网络模型和执行网络模型的计算。跨组织集团和大学里的研究人员花费了大量的时间来收集和管理数据集，对数据进行了必要的清理和分析，对网络模型和架构进行系统的设计、训练和测试，并进行迭代计算以不断提高网络模型的性能。通常需要花费大量的时间和大量的耐心来制定一个具有开创性的深度学习解决方案。

前两章讨论了关于神经网络的基础知识，并使用 Keras 和 Python 创建了一个深度学习解决方案。这一章开始讨论更加复杂的神经网络结构。首先介绍的是 LeNet 网络架构，包括 LeNet 网络的设计、各个网络层以及激活函数等，并使用 LeNet 网络模型开发可用于图像分类的应用解决方案。

本章将覆盖如下主题：

- LeNet 架构及其变体；
- 设计 LeNet 架构；
- MNIST 数字分类；
- 德国交通标识分类。

本章有关代码和数据集已经上传到 GitHub 链接 https://github. com/Apress/computer-vision-using-deep-learning/tree/main/Chapter 3 中，建议使用 Jupyter Notebook 代码编辑器。对于本章内容，常用计算机的 CPU 就足以执行全部的代码。但是，如果需要的话，也可以使用 Google Colaboratory。如果读者不会设置 Google Colaboratory，可以参

考本书附录列出的参考信息。

3.1 深度学习的网络架构

讨论深度学习网络模型时,首先会想到的是网络模型的构件信息,例如神经元的数量是多少、网络层数是多少、使用什么样的激活函数、使用什么样的损失函数等。这些构件的参数取值对网络模型的设计和性能起着至关重要的作用。当提到神经网络模型深度时,指的就是网络模型中隐藏层的数量。随着计算能力的提高,网络层数变得越来越深,对计算能力的要求也越来越高。

提示：一般认为增加网络模型的层数会提高模型预测的准确性,但情况并非总是如此。这正是新型网络模型 ResNet 诞生的原因。

世界各地的研究人员和科学家花费了大量的时间和努力构建出多种不同的神经网络架构,其中最为流行的架构有：LeNet-5、AlexNet、VGGNet、GoogLeNet、ResNet、基于区域的CNN(R-CNN)、YOLO(You Only Look Once)、SqueezeNet、SegNet、生成对抗网络(GAN)等。这些网络模型使用不同数量的隐藏层、神经元、激活函数、优化方法等。

LeNet 是一个容易理解的模型架构,也是深度学习架构的先驱之一,本章将详细讨论LeNet 架构,并基于架构开发实际用例,考察使用不同超参数对模型预测性能的影响。

3.2 LeNet 架构

LeNet 是本书讨论的第一个网络架构,它是一种比较简单的 CNN 架构。LeNet 模型之所以具有非常重要的意义,就是因为在它被发明出来之前,字符识别是一个非常烦琐且耗时的过程。1998 年,LeNet 架构首先应用于对银行支票的手写数字进行分类,随后逐渐变得流行起来。

LeNet 架构有几种形式：LeNet-1、LeNet-4 和 LeNet-5,都是由 Yann LeCun 发明且经常被引用的模型架构。出于对空间信息的兴趣,这里将详细考察 LeNet-5 架构,读者可以使用相同的方法来考察和理解其余的模型架构。

3.2.1 LeNet-1 架构

LeNet-1 架构是第一个被概念化的 LeNet,很容易理解。如图 3-1 所示的示例,其网络层的维度如下所述。

(1) 第一层为 28×28 大小的输入图像。

(2) 第二层包含 4 个 24×24 大小的卷积层(大小为 5×5)。

(3) 第三层是平均池化层(大小为 2×2)。

（4）第四层包含 8 个 12×12 的卷积层（大小为 5×5）。

（5）第五层为平均池化层（大小为 2×2）。

（6）最后是输出层。

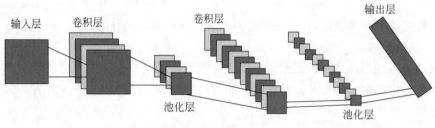

图 3-1　LeNet-1 架构

提示：当引入 LeNet 时，研究人员并没有提出最大池化；相反，他们使用的是平均池化。建议读者使用平均池化和最大池化两种方式进行测试。

LeNet-1 架构首先是输入层，然后是卷积层，接着是池化层，然后又是卷积层和池化层，最后是输出层。图像信息在整个网络模型中根据配置进行转换。在后续讨论 LeNet-5 架构时，会详细解释网络模型中所有层的功能和各自的输出。

3.2.2　LeNet-4 架构

LeNet-4 比 LeNet-1 略有改进，其架构如图 3-2 所示，引入了一个全连接层，可以提供更多的特征图。

（1）第一层为 32×32 输入图像。

（2）第二层包含 4 个 24×24 的卷积层（大小为 5×5）。

（3）第三层为平均池化层（大小为 2×2）。

（4）第四层包含 16 个 12×12 的卷积层（大小为 5×5）。

（5）第五层为平均池化层（大小为 2×2）。

（6）输出与 120 个神经元进行全连接，这些神经元又与 10 个作为最终输出的神经元进行全连接。

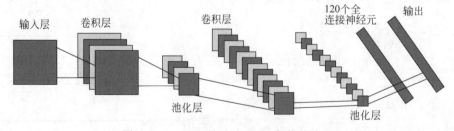

图 3-2　LeNet-4 是对 LeNet-1 架构的改进

3.2.3 LeNet-5 架构

在所有的 LeNet 架构中,引用最多的是 LeNet-5。它通常被用于解决具体的业务问题。

LeNet-5 架构如图 3-3 所示,最初在 LeCun 等的论文 *Gradient-Based Learning Applied to Document Recognition* 中被提出。

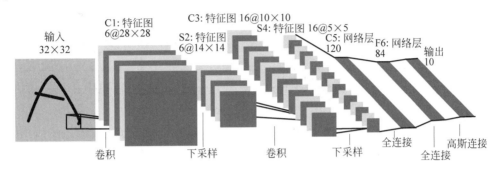

图 3-3 LeNet 架构(来源:http://yann.lecun.com/exdb/publis/pdf/lecun-01a.pdf)

LeNet-5 是最常用的架构,各个网络层如下所述。

(1) LeNet-5 的第一层是一个 32×32 输入图像层。这个网络层接收的是一个灰度图像,通过一个包含 6 个 5×5 的过滤器的卷积块,将图像尺寸从 32×32×1 缩小为 28×28×6。这里的 1 表示通道数,因为输入是灰度图像,所以通道数是 1。如果接收的是 RGB 图像,那就有 3 个通道。

(2) 第二层为池化层,也称为下采样层,其过滤器大小为 2×2,步长为 2。图像尺寸缩小到 14×14×6。

(3) 第三层又是一个卷积层,包含 16 个特征图,大小为 5×5,步长为 1。注意,在这一层,16 个特征图中只有 10 个与上一层的 6 个特征图相连。这样处理具有明显的优势:计算成本更低,连接数量从 24 万个减少到 151600 个;这一层的训练参数总数是 1516,而不是 2400;打破了架构的对称性,因此网络模型的学习效果会更好。

(4) 第四层是一个池化层,过滤器大小为 2×2,步长为 2,输出为 5×5×16。

(5) 第五层是一个完连接卷积层,有 120 个特征图,每个大小为 1×1。每个神经元连接到上一层的 400 个节点。

(6) 第六层是一个有 84 个神经元的全连接层。

(7) 最后的输出层是一个 Softmax 层,每个数值为取某个数字字符的概率。

LeNet-5 架构的信息摘要如表 3-1 所示。

LeNet 是一个小巧且易于理解的网络架构。然而,它的功能足够强大、足够成熟,足以产生良好的预测结果,也易于执行。当然,建议使用不同的网络架构来测试解决方案,通过测试模型准确性选择最佳方案。

表 3-1　LeNet 架构的信息摘要

层	操作	特征图	输入尺寸	内核尺寸	步长	激活函数
输入		1	32×32			
1	卷积	6	28×28	5×2	1	tanh
2	平均池化	6	14×14	2×2	2	tanh
3	卷积	16	10×10	5×2	1	tanh
4	平均池化	16	5×5	2×2	2	tanh
5	卷积	120	1×1	5×2	1	tanh
6	完全连接	—	84			tanh
输出		—	10			Softmax

3.2.4　增强 LeNet-4 架构

增强是一种集成技术，在迭代中不断改进，逐步将弱学习器结合成强学习器。在增强 LeNet-4 中，增加了模型架构的输出功能，其中的最大输出值所对应的类别被确定为被预测的类别。增强 LeNet-4 架构如图 3-4 所示，通过结合多个弱学习器进行性能提升，使得模型最终的输出结果更具有准确性和鲁棒性。

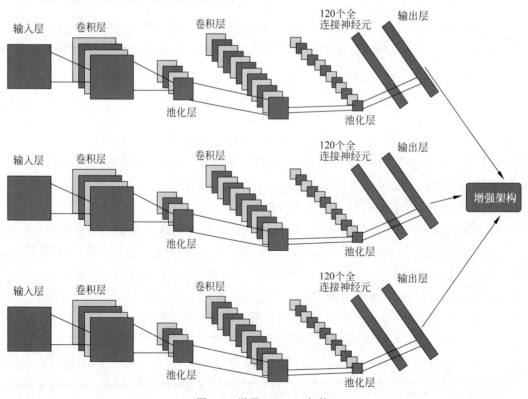

图 3-4　增强 LeNet-4 架构

3.3 使用 LeNet 创建图像分类模型

LeNet 是第一个流行起来并用于解决深度学习问题的网络架构。随着相关研究逐渐展开,已经开发出了很多更加先进的网络架构和算法,但 LeNet 在深度学习领域仍保留了特殊的位置。现在尝试创建第一个基于 LeNet 架构解决方案。

本节将使用 LeNet 架构开发两个应用。LeNet 是一个简单的架构,可以在 CPU 上实现对代码的编译。此处对这个架构做一些细微的调整,使用了最大池化激活函数而不是平均池化激活函数。

提示:与平均池化相比,最大池化可以提取一些重要特征。平均池化则会使图像变更加平滑,因此可能无法识别出比较尖锐的特征。

张量中通道的位置决定了应该如何重塑数据,所以在开始编写代码之前,应该关注一个小设置,在 3.3.1 节案例研究的第(8)步可以观察到这个设置。

每个图像可以用高度、宽度和通道数或者通道数、高度和宽度进行表示。如果通道数位于输入数组的第一个位置,那就使用 channels_first 条件进行重塑。这就意味着通道数位于张量(n 维数组)的第一位置。对于 channels_last 来说,通道数的位置则正好相反。

3.3.1 使用 LeNet 进行 MNIST 分类

这个应用是第 2 章中已经使用的 MNIST 数据集的延续。代码可以从本章开头给出的 GitHub 链接中获得。具体步骤如下所示。

(1)导入所需的程序库。

```
import keras
from keras.optimizers import SGD
from sklearn.preprocessing import
LabelBinarizer from sklearn.model_selection
import train_test_split from sklearn.metrics
import classification_report from sklearn
import datasets
from keras import backend as K
import matplotlib.pyplot as plt
import numpy as np
```

(2)导入数据集,然后从 Keras 导入一系列的网络层。

```
from keras.datasets import mnist ## Data set is
imported here
from keras.models import Sequential
from keras.layers.convolutional import Conv2D
```

```
from keras.layers.convolutional import
MaxPooling2D
from keras.layers.core import Activation
from keras.layers.core import Flatten
from keras.layers.core import Dense
from keras import backend as K
```

（3）定义超参数。这一步类似于在第 2 章开发的 MNIST 和狗/猫分类。

```
image_rows, image_cols = 28, 28
batch_size = 256
num_classes = 10
epochs = 10
```

（4）加载数据集。MNIST 是在库中默认添加的数据集。

```
(x_train, y_train), (x_test, y_test) = mnist.load_data()
```

（5）将图像数据转换为浮点数，然后将其归一化。

```
x_train = x_train.astype('float32')
x_test = x_test.astype('float32') x_train /= 255
x_test /= 255
```

（6）输出训练数据集和测试数据集的形状。

```
print('x_train shape:', x_train.shape)
print(x_train.shape[0], 'train samples')
print(x_test.shape[0], 'test samples')
```

（7）将变量转换为 one-hot 编码，其中使用了 Keras 的分类方法。

```
y_train = keras.utils.to_categorical(y_train, num_classes)
y_test = keras.utils.to_categorical(y_test, num_classes)
```

提示：使用 print 语句分析每个步骤的输出。如果需要的话，它允许在后面阶段对代码进行调试。

（8）对数据进行相应的重塑。

```
if K.image_data_format() == 'channels_first':
x_train = x_train.reshape(x_train.shape[0], 1, image_rows, image_cols)
x_test = x_test.reshape(x_test.shape[0], 1, image_rows, image_cols)
input_shape = (1, image_rows, image_cols)
else:
x_train = x_train.reshape(x_train.shape[0], image_rows, image_cols, 1)
x_test = x_test.reshape(x_test.shape[0], image_rows, image_cols, 1)
input_shape = (image_rows, image_cols, 1)
```

（9）创建网络模型，首先添加顺序层，然后添加卷积层和最大池化层。

```
model = Sequential()
model.add(Conv2D(20, (5, 5),
padding = "same", input_shape = input_shape))
model.add(Activation("relu")) model.
add(MaxPooling2D(pool_size = (2, 2),
strides = (2, 2)))
```

（10）添加多个卷积层、最大池层、扁平化数据。

```
model.add(Conv2D(50, (5, 5), padding = "same"))
model.add(Activation("relu")) model.
add(MaxPooling2D(pool_size = (2, 2),
strides = (2, 2)))
model.add(Flatten()) model.add(Dense(500))
model.add(Activation("relu"))
```

（11）添加一个密集层，然后是 Softmax 层（Softmax 主要用于多分类模型），并对模型进行编译。

```
model.add(Dense(num_classes)) model.
add(Activation("softmax"))
model.compile(loss = keras.losses.categorical_
crossentropy, optimizer = keras.optimizers.
Adadelta(), metrics = ['accuracy'])
```

（12）创建好的模型已准备好接受训练，可以看到每个历元的计算对模型的预测准确度和损失函数取值的影响。可以尝试使用不同的超参数，比如历元数目和小批量的大小。根据超参数的不同，网络模型训练需要的时间也会有所不同。

```
theLeNetModel = model.fit(x_train, y_train,
batch_size = batch_size,
epochs = epochs,
verbose = 1, validation_data = (x_test, y_test))
```

如图 3-5 所示，可以分析损失函数值和模型预测的准确度如何随着每个历元的变化而变化。经过 10 个历元之后，模型在验证集上的准确率为 99.07%。对计算结果进行可视化展示。

（13）绘制模型训练和模型测试准确度。从图 3-6 可以看出，随着时间的推移，模型在训练集和验证集上的准确度都在不断地增加。在经过第 7 和第 8 历元之后，准确度开始稳定。可以使用不同的超参数值进行模型测试。

```
import matplotlib.pyplot as plt
f, ax = plt.subplots()
ax.plot([None] + theLeNetModel.history['acc'], 'o- ')
```

```
Train on 60000 samples, validate on 10000 samples
Epoch 1/10
60000/60000 [==============================] - 36s 607us/step - loss: 0.2736 - acc: 0.9127 - val_loss: 0.1051 - val_a
cc: 0.9649
Epoch 2/10
60000/60000 [==============================] - 37s 622us/step - loss: 0.0590 - acc: 0.9813 - val_loss: 0.0490 - val_a
cc: 0.9835
Epoch 3/10
60000/60000 [==============================] - 37s 614us/step - loss: 0.0387 - acc: 0.9879 - val_loss: 0.0939 - val_a
cc: 0.9671
Epoch 4/10
60000/60000 [==============================] - 37s 625us/step - loss: 0.0285 - acc: 0.9910 - val_loss: 0.0267 - val_a
cc: 0.9905
Epoch 5/10
60000/60000 [==============================] - 37s 615us/step - loss: 0.0215 - acc: 0.9933 - val_loss: 0.0305 - val_a
cc: 0.9896
Epoch 6/10
60000/60000 [==============================] - 37s 614us/step - loss: 0.0164 - acc: 0.9949 - val_loss: 0.0228 - val_a
cc: 0.9920
Epoch 7/10
60000/60000 [==============================] - 37s 614us/step - loss: 0.0136 - acc: 0.9955 - val_loss: 0.0236 - val_a
cc: 0.9918
Epoch 8/10
60000/60000 [==============================] - 37s 616us/step - loss: 0.0106 - acc: 0.9969 - val_loss: 0.0279 - val_a
cc: 0.9909
Epoch 9/10
60000/60000 [==============================] - 37s 617us/step - loss: 0.0082 - acc: 0.9976 - val_loss: 0.0246 - val_a
cc: 0.9917
Epoch 10/10
60000/60000 [==============================] - 37s 620us/step - loss: 0.0062 - acc: 0.9983 - val_loss: 0.0316 - val_a
cc: 0.9907
```

图 3-5　分析损失函数值和模型预测的准确度

```
ax.plot([None] + theLeNetModel.history['val_acc'], 'x - ')
ax.legend(['Train acc', 'Validation acc'], loc = 0)
ax.set_title('Training/Validation acc per Epoch')
ax.set_xlabel('Epoch')
ax.set_ylabel('acc')
```

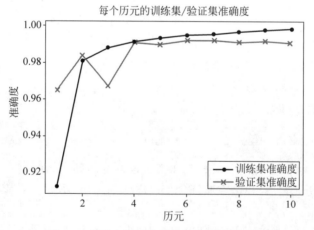

图 3-6　模型在训练集和验证集上的准确度

(14) 分析损失函数值。如图 3-7 所示,随着每个历元的计算陆续完成,模型在训练集和验证集上的损失值都在持续降低。在经过第 7 和第 8 个历元的计算之后,模型的损失值趋于稳定。可以使用不同的超参数值进行测试。

```
import matplotlib.pyplot as plt f,
```

```
ax = plt.subplots()
ax.plot([None] + theLeNetModel.history['loss'], 'o-')
ax.plot([None] + theLeNetModel.history['val_loss'], 'x-')
ax.legend(['Train loss', 'Validation loss'], loc = 0)
ax.set_title('Training/Validation loss per Epoch')
ax.set_xlabel('Epoch')
ax.set_ylabel('acc')
```

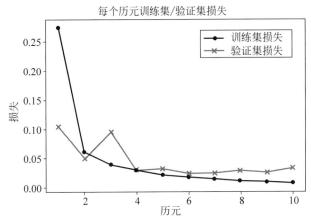

图 3-7　模型在训练集和验证集上损失值的变化

现在已经创建了一个有效进行图像分类的 LeNet 模型，在这个应用中，使用 LeNet-5
架构完成了一个图像分类模型的训练。

3.3.2　使用 LeNet 进行德国交通标志分类

第二个应用实例是自然识别德国交通标志，可以将这个实例应用于自动驾驶解决方案。
这个应用实例使用 LeNet-5 架构建立一个深度学习模型。

（1）首先导入程序库。

```
import keras
from keras.optimizers import SGD
from sklearn.preprocessing import
LabelBinarizer
from sklearn.model_selection import train_test_split
from sklearn.metrics import classification_report
from sklearn import datasets
from keras import backend as K
import matplotlib.pyplot as plt
import numpy as np
```

（2）导入 Keras 库以及绘图所需的所有包。

```
from keras.models import Sequential
```

```
from keras.layers.convolutional import Conv2D
from keras.layers.convolutional import
MaxPooling2D
from keras.layers.core import Activation
from keras.layers.core import Flatten
from keras.layers.core import Dense
from keras import backend as K
```

（3）导入常用代码库，如 NumPy、matplotlib、OpenCV 等。

```
import glob
import pandas as pd
import matplotlib
import matplotlib.pyplot as plt
import random
import matplotlib.image as mpimg
import cv2
import os
from sklearn.model_selection import train_test_
split
from sklearn.metrics import confusion_matrix
from sklearn.utils import shuffle
import warnings
from skimage import exposure
# Load pickled data
import pickle
% matplotlib inline matplotlib.style.
use('ggplot')
% config InlineBackend.figure_format = 'retina'
```

（4）以 pickle 文件格式提供数据集，并以 train.p 和 text.p 格式保存文件。该数据集可以从下面的 Kaggle 网站上下载：www.kaggle.com/meowmeowmeowmeowmeow/gtsrb-german-trafficsign。

```
training_file = "train.p"
testing_file = "test.p"
```

（5）打开文件并将数据保存在训练变量和测试变量中。

```
with open(training_file, mode = 'rb') as f: train = pickle.load(f)
with open(testing_file, mode = 'rb') as f: test = pickle.load(f)
```

（6）将数据集划分为测试集和训练集。这里确定的测试集规模是 4000，建议读者尝试不同规模的测试集。

```
x,y = train['features'], train['labels']
x_train, x_valid, y_train, y_valid = train_
test_split(X, y, stratify = y,
```

```
test_size = 4000, random_state = 0)
x_test, y_test = test['features'], test['labels']
```

（7）观察使用的图像样本，输出结果如图 3-8 所示。由于使用随机函数可以随机地选择图像数据，如果得到的输出结果与笔者的不一样，请不要担心。

```
figure, axiss = plt.subplots(2,5, figsize = (15, 4))
figure.subplots_adjust(hspace = .2, wspace = .001)
axiss = axiss.ravel()
for i in range(10):
index = random.randint(0, len(x_train))
image = x_train[index]
axiss[i].axis('off')
axiss[i].imshow(image)
axiss[i].set_title(y_train[index])
```

图 3-8　德国交通标志分类数据集的样本数据

（8）选择模型训练的超参数。本示例有 43 个不同的类别，此处选择 10 个历元作为开始，读者也可以使用不同的历元数值检查模型性能。

```
image_rows, image_cols = 32, 32
batch_size = 256
num_classes = 43
epochs = 10
```

（9）对数据进行探索性的分析，考察图像数据集，得到不同类别的分布频率直方图，图 3-9 给出了数据分布结果。不同类别的样本数量是不同的，有一些类别很好地呈现出来，而另外一些类别则不行。在理想情况下，应该为较少出现的类别收集更多数量的样本数据。在针对实际问题的解决方案中，希望有一个样本出现频率分布比较平衡的一种数据集，第 8 章将对此进行更详细的讨论。

```
histogram, the_bins = np.histogram(y_train, bins = num_classes)
the_width = 0.7 * (the_bins[1] - the_bins[0])
center = (the_bins[:-1] + the_bins[1:]) / 2
plt.bar(center, histogram, align = 'center', width = the_width) plt.show()
```

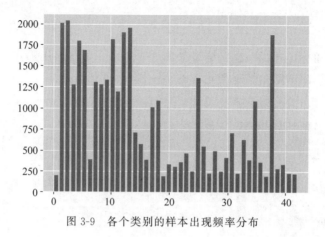

图 3-9　各个类别的样本出现频率分布

（10）样本的数量分布如何跨越不同的类别。它是 NumPy 库中的一个正则直方图函数。

```
train_hist, train_bins = np.histogram(y_train,
bins = num_classes)
test_hist, test_bins = np.histogram(y_test,
bins = num_classes)
train_width = 0.7 * (train_bins[1] - train_ bins[0])
train_center = (train_bins[:-1] + train_bins[1:]) / 2
test_width = 0.7 * (test_ bins[1] - test_bins[0])
test_center = (test_ bins[:-1] + test_bins[1:]) / 2
```

（11）画出直方图，训练集中的样本数量显示为红色，测试集中的样本数量显示为绿色，输出结果如图 3-10 所示。

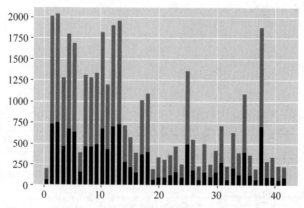

图 3-10　训练集和测试集中不同类别样本的出现频率分布

```
plt.bar(train_center, train_hist,
align = 'center', color = 'red', width = train_width)
```

```
plt.bar(test_center, test_hist, align = 'center',
color = 'green', width = test_width)
plt.show()
```

（12）分析样本数据的类别分布，查看直方图中样本在训练集和测试集上占比的差异。将图像数据转换为浮动数据，然后做归一化处理。

```
x_train = x_train.astype('float32')
x_test = x_test.astype('float32')
x_train /= 255
x_test /= 255
print('x_train shape:', x_train.shape)
print(x_train.shape[0], 'train samples')
print(x_test.shape[0], 'test samples')
```

基于35209个训练样本数据点和12630个测试样本数据点，将类别向量转换为基于二进制的类别矩阵。

```
y_train = keras.utils.to_categorical(y_train, num_classes)
y_test = keras.utils.to_categorical(y_test, num_classes)
```

以下代码与之前开发的MNIST图像分类模型中给出的代码相同。channels_first表示通道数位于数组中的第一个位置，根据channels_first的位置改变input_shape。

```
if K.image_data_format() == 'channels_first':
input_shape = (1, image_rows, image_cols)
else:
input_shape = (image_rows, image_cols, 1)
```

（13）先添加顺序层和卷积层，再添加池化层和卷积层。

```
model = Sequential() model.add(Conv2D(16,(3,3),
input_shape = (32,32,3)))
model.add(Activation("relu")) model.
add(MaxPooling2D(pool_size = (2, 2),
strides = (2, 2)))
model.add(Conv2D(50, (5, 5), padding = "same"))
model.add(Activation("relu")) model.
add(MaxPooling2D(pool_size = (2, 2),
strides = (2, 2)))
model.add(Flatten()) model.add(Dense(500))
model.add(Activation("relu"))
model.add(Dense(num_classes)) model.
add(Activation("softmax"))
```

（14）输出关于模型的摘要信息，输出结果如图3-11所示。

```
model.summary()
```

Layer (type)	Output Shape	Param #
conv2d_15 (Conv2D)	(None, 30, 30, 16)	448
activation_13 (Activation)	(None, 30, 30, 16)	0
max_pooling2d_7 (MaxPooling2	(None, 15, 15, 16)	0
conv2d_16 (Conv2D)	(None, 15, 15, 50)	20050
activation_14 (Activation)	(None, 15, 15, 50)	0
max_pooling2d_8 (MaxPooling2	(None, 7, 7, 50)	0
flatten_4 (Flatten)	(None, 2450)	0
dense_7 (Dense)	(None, 500)	1225500
activation_15 (Activation)	(None, 500)	0
dense_8 (Dense)	(None, 43)	21543
activation_16 (Activation)	(None, 43)	0

```
Total params: 1,267,541
Trainable params: 1,267,541
Non-trainable params: 0
```

图 3-11　模型摘要信息

（15）对模型进行编译，训练模型。每个历元的准确度和损失值的变化如图 3-12 所示，经过 10 个历元后，模型在验证集上的准确率为 91.16%。

```
model.compile(loss = keras.losses.categorical_ossentropy, optimizer = keras.optimizers.
Adadelta(), metrics = ['accuracy'])
theLeNetModel = model.fit(x_train, y_train,
batch_size = batch_size,
epochs = epochs,
verbose = 1,
validation_data = (x_test, y_test))
```

```
WARNING:tensorflow:From /Users/vaibhavverdhan/anaconda3/lib/python3.6/site-packages/tensorflow/python/ops/math_ops.p
y:3066: to_int32 (from tensorflow.python.ops.math_ops) is deprecated and will be removed in a future version.
Instructions for updating:
Use tf.cast instead.
Train on 35209 samples, validate on 12630 samples
Epoch 1/10
35209/35209 [==============================] - 22s 632us/step - loss: 2.2025 - acc: 0.3971 - val_loss: 1.4474 - val_a
cc: 0.5604
Epoch 2/10
35209/35209 [==============================] - 22s 631us/step - loss: 0.5801 - acc: 0.8291 - val_loss: 0.6247 - val_a
cc: 0.8179
Epoch 3/10
35209/35209 [==============================] - 22s 629us/step - loss: 0.1937 - acc: 0.9501 - val_loss: 0.4696 - val_a
cc: 0.8833
Epoch 4/10
35209/35209 [==============================] - 22s 623us/step - loss: 0.0956 - acc: 0.9770 - val_loss: 0.4750 - val_a
cc: 0.8850
Epoch 5/10
35209/35209 [==============================] - 23s 651us/step - loss: 0.0564 - acc: 0.9876 - val_loss: 0.5317 - val_a
cc: 0.8864
Epoch 6/10
35209/35209 [==============================] - 23s 642us/step - loss: 0.0364 - acc: 0.9925 - val_loss: 0.4336 - val_a
cc: 0.9140
Epoch 7/10
35209/35209 [==============================] - 22s 630us/step - loss: 0.0251 - acc: 0.9953 - val_loss: 0.4621 - val_a
cc: 0.9138
Epoch 8/10
35209/35209 [==============================] - 22s 631us/step - loss: 0.0186 - acc: 0.9964 - val_loss: 0.4819 - val_a
cc: 0.9117
Epoch 9/10
35209/35209 [==============================] - 22s 628us/step - loss: 0.0121 - acc: 0.9981 - val_loss: 0.5061 - val_a
cc: 0.9124
Epoch 10/10
35209/35209 [==============================] - 22s 619us/step - loss: 0.0112 - acc: 0.9983 - val_loss: 0.5421 - val_a
cc: 0.9116
```

图 3-12　每个历元的准确度和损失值的变化

（16）接下来对计算结果进行可视化展示，首先绘制网络模型在训练集和测试集上的准确度，如图 3-13 所示，在经过第 5 和第 6 个历元后，准确度的取值趋于稳定。

```
import matplotlib.pyplot as plt
f, ax = plt.subplots()
ax.plot([None] + theLeNetModel.history['acc'], 'o-')
ax.plot([None] + theLeNetModel.history['val_acc'], 'x-')
ax.legend(['Train acc', 'Validation acc'], loc = 0)
ax.set_title('Training/Validation acc per Epoch')
ax.set_xlabel('Epoch')
ax.set_ylabel('acc')
```

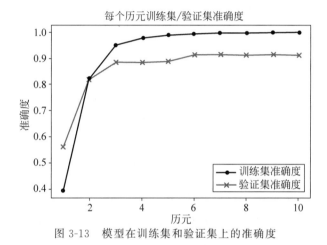

图 3-13　模型在训练集和验证集上的准确度

（17）绘制模型在训练集和验证集上的损失函数值的变化。如图 3-14 所示，在第 5 和第 6 历元之后，损失函数值的变化趋于稳定，只有很微小的降低。可以生成关于模型准确度和模型损失函数值的变化曲线图来衡量模型的性能。这些曲线图与 MNIST 图像分类模型中给出的曲线图比较类似。

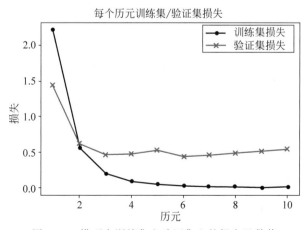

图 3-14　模型在训练集和验证集上的损失函数值

```
import matplotlib.pyplot as plt
f, ax = plt.subplots()
ax.plot([None] + theLeNetModel.history['loss'], 'o-')
ax.plot([None] + theLeNetModel.history['val_loss'], 'x-')
ax.legend(['Train loss', 'Validation loss'], loc = 0)
ax.set_title('Training/Validation loss per Epoch')
ax.set_xlabel('Epoch')
ax.set_ylabel('acc')
```

提示：模型的所有性能参数都保存在 theLeNetModel 或者 theLeNetModel.model.metrics 的内部。

在本例的模型开发过程中,还增加了一个额外的步骤,就是为模型的预测结果创建一个混淆矩阵。为此,必须首先使用模型对测试集样本数据做出预测,然后将模型预测结果与图像的实际标签进行比较。

(18) 使用预测函数进行预测。

```
predictions = theLeNetModel.model.predict(x_test)
```

(19) 创建混淆矩阵,可以在 scikit-learn 库中找到相关的代码。

```
from sklearn.metrics import confusion_matrix
import numpy as np
confusion = confusion_matrix(y_test, np.argmax(predictions, axis = 1))
```

(20) 创建名为 cm 的变量表示混淆矩阵。

```
cm = confusion_matrix(y_test, np.argmax(predictions, axis = 1))
```

(21) 对混淆矩阵进行可视化表示。seaborn 是用于可视化开发的代码库,可以与 matplotlib 一起使用。代码输出结果如图 3-15 所示,由于维度的数量问题,但是由于维度的数量问题,输出的混淆矩阵不是很清晰,读者可以进行改进。

```
import seaborn as sn
df_cm = pd.DataFrame(cm, columns = np.unique(y_test), index = np.unique(y_test))
df_cm.index.name = 'Actual'
df_cm.columns.name = 'Predicted'
plt.figure(figsize = (10,7))
sn.set(font_scale = 1.4) # for label size
sn.heatmap(df_cm, cmap = "Blues",
annot = True, annot_kws = {"size": 16}) # font size
```

(22) 再次绘制混淆矩阵。需要注意的是,此处定义了一个函数 plot_confusion_matrix,这个函数将混淆矩阵作为输入参数。然后,使用常规的 matplotlib 库及其函数来绘制混淆矩阵。图 3-16 给出了混淆矩阵的图示,模型对有些类别有很好的分类效果。对模型

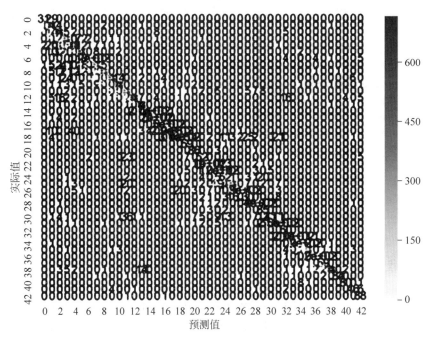

图 3-15　混淆矩阵的可视化表示

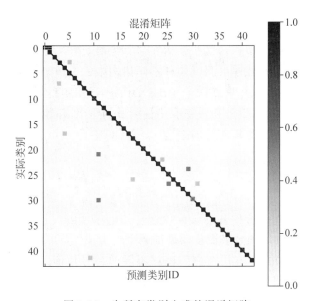

图 3-16　为所有类别生成的混淆矩阵

分类的效果进行分析,并对模型超参数迭代调整,查看超参数的取值对模型预测效果的影响。认真分析模型进行错误分类的类别,找出模型错分的原因。例如,对于手写数字分类的情形,算法可能会在数字 1 和 7 之间产生混淆。因此,一旦对模型进行测试,就应该努力寻找模型容易产生错误分类的类别并分析模型产生错分的原因,例如从训练数据集中去除令人困惑的图像。改善图像质量和对容易错分的类别进行进一步的细化分类都有助于解决这个问题。

```
def plot_confusion_matrix(cm):
cm = [row/sum(row) for row in cm]
fig = plt.figure(figsize = (10, 10))
ax = fig.add_subplot(111)
cax = ax.matshow(cm, cmap = plt.cm.Oranges) fig.colorbar(cax)
plt.title('Confusion Matrix') plt.
xlabel('Predicted Class IDs') plt.ylabel('True Class IDs')
plt.show()
plot_confusion_matrix(cm)
```

3.4 小结

神经网络架构对于计算机视觉问题来说是一种非常有趣和强大的解决方案。基于这些架构,可以在一个非常大的数据集上进行训练,并且对图像的正确识别很有帮助。这个功能可用于跨域的各种各样的问题。但是这种解决方案的质量在很大程度上取决于训练数据集的质量。

前两章介绍了卷积、最大池化、填充等概念,并开发了基于 CNN 模型的解决方案。本章开始介绍自定义神经网络架构。这些架构在诸如层数、激活函数、跨层连接、卷积核大小等模型设计上各有特点。一般建议测试 4 种不同架构中的 3 种架构来比较模型的准确性。

本章讨论了 LeNet 架构并重点讨论了 LeNet-5。开发实现了两个端到端实际应用案例,完成了从数据加载到网络设计和模型准确性测试的整个应用案例开发流程。

第 4 章将讨论另外一种比较流行的架构——VGGNet。

习题

(1) 不同版本的 LeNet 有什么不同?

(2) 如何使用不同的历元数来度量模型准确度的变化?

(3) 本章讨论了两个实际应用案例。使用不同的超参数值迭代计算相同的解决方案,为第 2 章中完成的应用案例创建模型损失函数和准确性变化曲线。

(4) 利用第 2 章给出的数据集,使用 LeNet-5 架构进行测试,比较模型预测效果。

(5) 从 www.kaggle.com/puneet6060/intel-imageclassification/version/2 下载图像场景分类数据集,对此数据集执行用于德国交通图像分类的代码。

(6) 从 http://chaladze.com/l5/下载林奈 5 数据集,并将该数据集分为浆果、鸟、狗、花和其他等 5 个类别。使用此数据集创建一个基于 CNN 的分类解决方案。

拓展阅读

［1］　Xu X，Dehghani A，Corrigan D，et al. Convolutional Neural Network for 3D object recognition using volumetric representation［C］//The First International Workshop on Sensing，Processing and Learning for Intelligent Machines. IEEE，2016.

［2］　Sarraf S，Tofighi G. Classification of Alzheimer＇s Disease using fMRI data and deep learning convolutional neural networks［EB/OL］. https：//arxiv. org/abs/1603. 08631.

［3］　Lecun Y，Bottou L，Bingo Y，et al. Gradient-based learning applied to document recognition［EB/OL］. http：//yann. lecun. com/exdb/publis/pdf/lecun-01a. pdf.

第 4 章

VGG 和 AlexNet 网络

在接受了自身的极限之后,就要超越这个极限。

——阿尔伯特·爱因斯坦

在经过了某个时间点之后,即使极其复杂的解决方案也会停止改进的步伐,此时应该改进的是对解决方案的设计。一般的选择是再次回到绘图板前,提高解决问题的能力,提供更多可用的选项,可以对多个解决方案进行迭代改进和测试。然后,根据手头的业务问题特点,选择最好的解决方案并进行实施。对深度学习架构的改进也会遵循同样的原则:致力于网络架构的设计,然后对其进行改进,使其更加鲁棒、准确和高效。神经网络体系架构的选择正是建立在对各种体系结构进行测试的基础之上。

第 3 章从 LeNet 深度学习体系架构开始入手,仔细考察这个网络架构并使用这个架构开发了具体的应用案例。本章将讨论 VGG 和 AlexNet 这两个神经网络体系架构,分析比较这两种架构的性能,并开发一个复杂的多类别分类应用案例。与此同时,本章还将讨论如何在深度学习模型的训练过程中使用检查点。生成混淆矩阵时,会很容易出现一个常见的错误,本章还将探讨此错误产生的原因并研究如何纠正这个错误。

本章覆盖如下主题:

- AlexNet 架构;
- VGG16 架构;
- VGG16 与 VGG19 的区别;
- 使用 AlexNet 开发 CIFAR-10 案例;
- 使用 VGG16 开发 CIFAR-10 案例。

本章有关代码和数据集已经上传到 GitHub 链接 https://github.com/Apress/computer-vision-using-deep-learning/tree/main/Chapter4,建议使用 Jupyter Notebook 代码编辑器。对于本章内容,常用计算机的 CPU 就足以执行全部的代码。但是,如果需要的话,也可以使用 Google Colaboratory。如果读者不会设置 Google Colaboratory,可以参考本书附录列出的参考信息。

4.1　AlexNet 和 VGG 神经网络模型

AlexNet 于 2012 年提出并立即成为图像分类研究领域最受欢迎的一种模型架构。AlexNet 还获得了面向 ImageNet 数据集的大规模视觉识别挑战赛(ImageNet Large Scale Visual Recognition Challenge,ILSVRC)2012 年度的冠军。随后,VGG 在 2014 年问世,其准确度超过 AlexNet。但这并不意味着 AlexNet 不是一个高效的网络模型,只是表明 VGG 模型具有更好的准确性。

4.1.1　AlexNet 模型架构

AlexNet 模型架构由 Alex Krizhevsky、Ilya Sutskever 和 Geoffrey E. Hinton 提出,AlexNet 架构如图 4-1 所示。表 4-1 给出了对 AlexNet 模型架构中各个网络层的描述。

表 4-1　AlexNet 的每个网络层和相应的输入参数、通道数、步长和激活函数

网络层	操作	特征图	输入尺寸	内核尺寸	步长	激活函数
输入	图像	1	227×227×3			
1	卷积	96	55×55×96	11×11	4	ReLU
	最大池化	96	27×27×96	3×3	2	ReLU
1	卷积	256	27×27×256	5×5	1	ReLU
	最大池化	256	13×13×256	3×3	2	ReLU
3	卷积	384	13×13×384	3×3	1	ReLU
4	卷积	384	13×13×384	3×3	1	ReLU
5	卷积	256	13×13×256	3×3	1	ReLU
	最大池化	256	6×6×256	3×3	2	ReLU
6	全连接		9216			ReLU
7	全连接		4096			ReLU
8	全连接		4096			ReLU
	输出		1000			Softmax

第一层是一个大小为 227×227×3 的图像输入层。然后经过第一个卷积层,该层包含 96 个大小为 11×11 的过滤器,卷积步长为 4,使用的激活函数为 ReLU,输出的是大小为 55×55×96 的特征图。

接下来是一个最大池化层,过滤器的大小为 3×3,步长为 2,输出的是大小为 27×27×96 的特征图。可以使用这种方式分析模型中的每个层。必须完全理解每个网络层的设计以及它们各自的功能。

AlexNet 有 6000 万个网络参数和 65 万个神经元。整个网络架构一共有 8 层。前 5 层用于执行卷积运算,最后 3 层是全连接层。其中有一些卷积层的后面紧跟着最大池化层。AlexNet 使用的激活函数是 ReLU 函数,与 tanh 和 S 型函数激活相比,ReLU 的非线性提高了网络的训练性能,使得训练速度更快。发明者使用样本数据增强技术和在模型中添加 dropout 层的方式来对抗网络训练过程中的过度拟合问题。

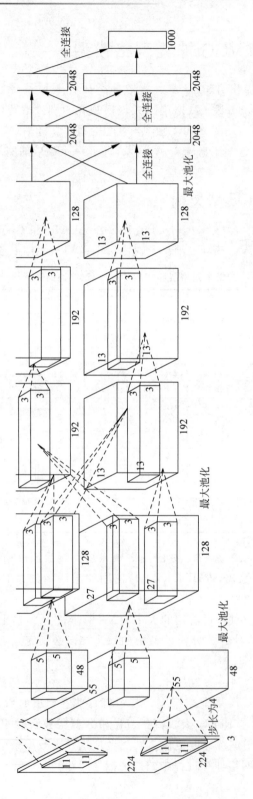

图 4-1 完整的 AlexNet 模型架构

（来源：https://papers.nips.cc/paper/4824-imagenetclassification-with-deep-convolutionalneuralnetworks.pdf）

4.1.2　VGG 模型架构

VGG 模型结构是由牛津大学的 Karen Simonyan 和 Andrew Zisserman 提出的 CNN 架构。VGG 是视觉几何组（Visual Geometry Group）的缩写。VGG 于 2014 年提出，并在当年的 ILSVRC 中表现良好。它是目前最流行的一种深度学习模型架构，原因在于模型架构的简单性。人们经常批评该网络规模较大，需要花费更多的计算能力和更多的训练时间。但是这个网络架构是一个鲁棒性非常强的解决方案，是计算机视觉的一种标准解决方案。

VGG 神经网络模型有两种具体的形式：VGG16 和 VGG19，此处重点介绍 VGG16，并讨论 VGG19 和 VGG16 之间的差别。

1. VGG16 架构

VGG16 是一个简单易懂的网络架构，其特性如下所述。

（1）整个网络只使用了 3×3 卷积和 2×2 池化。

（2）卷积层使用非常小的 3×3 内核。

（3）使用 1×1 卷积对输入进行线性变换。

（4）步长为 1 像素，有助于保持图像的分辨率。

（5）将 ReLU 函数用于所有的隐藏层。

（6）有 3 个全连接层，前两层有 4096 个通道，最后一层有 1000 个通道。最后一层是 Softmax 层。

图 4-2 中给出了每个网络层的描述和配置。整个网络只使用了 3×3 的卷积层和 2×2 的池化层。左边的数字取自之前引用的原始论文（参见拓展阅读[2]）。随着网络中层数的增加，配置的深度从左（A）增加到右（E）。卷积层参数表示为"conv（接受域大小）-（通道数）"。为了保持简洁，没有显示 ReLU 激活函数。

注意：VGG 没有使用局部响应归一化（Local Response Normalization，LRN），因为这种处理增加了模型训练时间却没有明显地改善模型的准确性。

VGG16 是一个相当受欢迎的网络架构。由于其简单性，它可以作为衡量很多处理图像分类问题复杂模型的性能基准。VGG19 比 VGG16 稍微复杂一些。下面考察这两者之间的区别。

2. VGG16 与 VGG19 的区别

VGG16 和 VGG19 的主要区别如表 4-2 所示。一般来说，使用最多的是比较流行的 VGG16。因为在一般的商业世界中，不会对一个实际问题进行超过 8～10 个类别的分类。而且，通常很难获得真正具有代表性和具有平衡性的样本数据。因此，实际应用中主要使用 VGG16 模型。

ConvNet 配置							
A	A-LRN	B	C	D	E	Size:224	3×3卷积层64
11权重层	11权重层	13权重层	16权重层	16权重层	19权重层		3×3卷积层64
输入(224×224RGB层)							池化
conv3-64	conv3-64	conv3-64	conv3-64	conv3-64	conv3-64		3×3卷积层128
	LRN	conv3-64	conv3-64	conv3-64	conv3-64		3×3卷积层128
maxpool							池化
conv3-128	conv3-128	conv3-128	conv3-128	conv3-128	conv3-128	Size:56	3×3卷积层256
		conv3-128	conv3-128	conv3-128	conv3-128		3×3卷积层256
maxpool							3×3卷积层256
conv3-256	conv3-256	conv3-256	conv3-256	conv3-256	conv3-256		池化
conv3-256	conv3-256	conv3-256	conv3-256	conv3-256	conv3-256	Size:28	3×3卷积层512
			conv1-256	conv3-256	conv3-256		3×3卷积层512
					conv3-256		3×3卷积层512
maxpool							池化
conv3-512	conv3-512	conv3-512	conv3-512	conv3-512	conv3-512	Size:14	3×3卷积层512
conv3-512	conv3-512	conv3-512	conv3-512	conv3-512	conv3-512		3×3卷积层512
			conv1-512	conv3-512	conv3-512		3×3卷积层512
					conv3-512		池化
maxpool						Size:7	全连接层4096
conv3-512	conv3-512	conv3-512	conv3-512	conv3-512	conv3-512		
conv3-512	conv3-512	conv3-512	conv3-512	conv3-512	conv3-512		全连接层4096
			conv1-512	conv3-512	conv3-512		
					conv3-512		全连接层4096
maxpool							
FC-4096							
FC-4096							
FC-1000							
Softmax							

网络	A,A-LRN	B	C	D	E
参数数量	133	133	134	138	144

图 4-2　简单的 VGG16 网络

表 4-2　VGG16 和 VGG19 之间的主要区别

VGG16	VGG19
包含 16 层	包含 19 层
全连接层大小为 533MB	全连接层大小为 574MB
轻量化模型	更大、更深的网络模型
适用于小型数据集	可用于类别超过 1000 的数据集

下面使用 AlexNet 和 VGG16 在 CIFAR-10 数据集上开发应用案例。

4.2　使用 AlexNet 和 VGG 开发应用案例

4.2.1　CIFAR 数据集

　　CIFAR 是一个开源数据集，是一种用于测试神经网络有效性的常用数据集。使用

CIFAR 数据集可以创建使用 AlexNet 和 VGGNet 的应用案例解决方案。CIFAR 数据集可以通过 www.cs.toronto.edu/~kriz/cifar.html 访问。

如图 4-3 所示,CIFAR-10 数据集由 10 类别共 60000 张 32×32 彩色图像组成,每个类别包含 6000 张图像。作为训练样本的图像有 50000 张,作为测试样本的图像有 10000 张。可以将数据集分为五个训练批次和一个测试批次,每个批次有 10000 张图像。测试批次包含的 1000 张是从每个类别中随机选择的图像。训练批次以随机的顺序包含剩余的图像,但是对于一些训练样本批次,其中包含某个类别的样本数量多于另外一些类别的样本数量。在这些不同类别的训练样本之间,样本的批次包含来自每个类的 5000 张图像。这些类别之间是完全互斥的。例如,汽车类别和卡车类别之间没有重叠。"汽车"包括轿车、越野车等,"卡车"只包括大卡车。这两项都不包括小卡车。

图 4-3　CIFAR-10 数据集中的类别和关于每个类别的一些样本示例

CIFAR-100 数据集与 CIFAR-10 比较类似,只不过它有 100 个类别,其中每个类别包含 600 张图像。每个类别有 500 张训练样本图像和 100 张测试样本图像。CIFAR-100 中的 100 个类别被合并成 20 个超类。每个图像都带有一个"精细"类别标签(它所属的类别)和一个"粗糙"标签(它所属的超类)。

图 4-4 提供了 CIFAR-100 数据集中关于类别的列表。每个超类(Superclass)都包含一些子类(Classes)。例如,苹果、蘑菇、橙子、梨等都是子类,它们的超类是水果和蔬菜。

4.2.2　使用 AlexNet 模型处理 CIFAR-10 数据集

使用 AlexNet 模型在 CIFAR-10 数据集上开发用于图像分类的解决方案,其主要步骤如下所述。

(1) 导入所有必要的库并加载 CIFAR-10 数据集。

```
import keras
from keras.datasets import cifar10
from keras import backend as K
```

Superclass	Classes
aquatic mammals	beaver, dolphin, otter, seal, whale
fish	aquarium fish, flatfish, ray, shark, trout
flowers	orchids, poppies, roses, sunflowers, tulips
food containers	bottles, bowls, cans, cups, plates
fruit and vegetables	apples, mushrooms, oranges, pears, sweet peppers
household electrical devices	clock, computer keyboard, lamp, telephone, television
household furniture	bed, chair, couch, table, wardrobe
insects	bee, beetle, butterfly, caterpillar, cockroach
large carnivores	bear, leopard, lion, tiger, wolf
large man-made outdoor things	bridge, castle, house, road, skyscraper
large natural outdoor scenes	cloud, forest, mountain, plain, sea
large omnivores and herbivores	camel, cattle, chimpanzee, elephant, kangaroo
medium-sized mammals	fox, porcupine, possum, raccoon, skunk
non-insect invertebrates	crab, lobster, snail, spider, worm
people	baby, boy, girl, man, woman
reptiles	crocodile, dinosaur, lizard, snake, turtle
small mammals	hamster, mouse, rabbit, shrew, squirrel
trees	maple, oak, palm, pine, willow
vehicles 1	bicycle, bus, motorcycle, pickup truck, train
vehicles 2	lawn-mower, rocket, streetcar, tank, tractor

图 4-4　CIFAR-100 数据集中所有超类和类别的列表

```
from keras.layers import Input,
Conv2D, GlobalAveragePooling2D, Dense,
BatchNormalization, Activation, MaxPooling2D
from keras.models import Model
from keras.layers import
concatenate,Dropout,Flatten
```

（2）导入 ModelCheckpoint 用于创建检查点，以便根据模型验证准确性保存最佳模型。

```
from keras import optimizers,regularizers
from keras.preprocessing.image import
ImageDataGenerator
from keras.initializers import he_normal
from keras.callbacks import
LearningRateScheduler, TensorBoard,
ModelCheckpoint
```

（3）使用 cifar.load_data()加载 CIFAR-10 数据。

```
(x_train, y_train), (x_test, y_test) = cifar10.load_data()
```

（4）对图像数据进行预处理获得均值和标准差，并对其进行标准化处理。

```
mean = np.mean(x_train,axis = (0,1,2,3))
std = np.std(x_train, axis = (0, 1, 2, 3))
x_train = (x_train - mean)/(std + 1e - 7)
x_test = (x_test - mean)/(std + 1e - 7)
```

注意：这里可以做一个试验，执行第 4 步和不执行第 4 步的代码并检查由此获得模型的性能差异。

（5）创建训练样本和测试样本的目标数据。这一步类似于第 3 章中介绍的解决方案。

```
y_train = keras.utils.to_categorical(y_train,num_classes)
y_test = keras.utils.to_categorical(y_test,num_classes)
```

以下代码导入数据集。

```
fig = plt.figure(figsize = (18, 8))
columns = 5
rows = 5
for i in range(1, columns * rows + 1):
fig.add_subplot(rows, columns, i)
plt.imshow(X_train[i], interpolation = 'lanczos')
```

图 4-5 展示了数据集中的一些图像，可以发现这里包含属于不同类别的图像数据，还提供了图像的分辨率和长宽比。

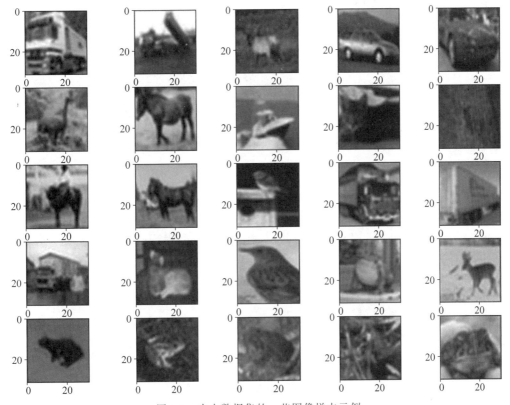

图 4-5　来自数据集的一些图像样本示例

（6）创建 AlexNet 架构。通过定义一个函数创建网络模型，函数的输出就是网络模型的基本架构。在创建 AlexNet 时，从卷积层开始，其中包含网络模型中定义的参数。第一层有一个 11×11 大小的卷积核，96 个通道，4×4 的步长，网络紧随其后。

```
def alexnet(img_input,classes = 10):
xnet = Conv 2D(96,(11,11),strides = (4,4),padding = 'same',
activation = 'relu',kernel_initializer = 'uniform')
(img_input)
xnet = MaxP ooling2D(pool_size = (3,3),strides = (2,2),
padding = 'same',data_format = DATA_ FORMAT)(xnet)
xnet = Conv 2D(256,(5,5),strides = (1,1),padding = 'same',
activation = 'relu',kernel_initializer = 'uniform')
(xnet)
xnet = MaxP ooling2D(pool_size = (3,3),strides = (2,2),
padding = 'same',data_format = DATA_ FORMAT)(xnet)
xnet = Conv 2D(384,(3,3),strides = (1,1),padding = 'same',
activation = 'relu',kernel_initializer = 'uniform')
(xnet)
xnet = Conv 2D(384,(3,3),strides = (1,1),padding = 'same',
activation = 'relu',kernel_initializer = 'uniform')
(xnet)
xnet = Conv 2D(256,(3,3),strides = (1,1),padding = 'same',
activation = 'relu',kernel_initializer = 'uniform')
(xnet)
xnet = MaxP ooling2D(pool_size = (3,3),strides = (2,2),
padding = 'same',data_format = DATA_ FORMAT)(xnet)
xnet = Flatten()(xnet)
xnet = Dense(4096,activation = 'relu')(xnet)
xnet = Dropout(0.25)(xnet)
xnet = Dense(4096,activation = 'relu')(xnet)
xnet = Dropout(0.25)(xnet)
out_model = Dense(classes, activation = 'softmax')(xnet)
return out_model
```

(7) 以 $32\times32\times3$ 的形状输入图像并使用函数 alexnet 得到所需的模型。

```
img_input = Input(shape = (32,32,3))
output = alexnet(img_input)
model = Model(img_input,output)
```

(8) 生成模型的摘要信息。摘要信息如图 4-6 所示,包含所有的网络层及其输出的形状和参数的数量,模型摘要表示构建 AlexNet 模型需要训练 2100 万个网络参数。

```
model.summary()
```

(9) 实现对模型的编译,优化器是一个可以用于编译基于 Keras 网络模型的 arguments 对象。此处使用的是随机梯度下降(SGD)算法,学习率为 0.01,动量为 0.8。读者可以基于不同的学习率和动量值进行迭代计算。SGD 可以支持对动量、学习率衰减和 Nesterov 动量调优,动量是一种在相关方向加速 SGD 并能够抑制振荡的参数。最后一个参数 Nesterov 表示是否应用 Nesterov 动量。

```
Model: "model_7"

Layer (type)                  Output Shape              Param #
=================================================================
input_7 (InputLayer)          (None, 32, 32, 3)         0

conv2d_50 (Conv2D)            (None, 8, 8, 96)          34944

max_pooling2d_28 (MaxPooling  (None, 4, 4, 96)          0

conv2d_51 (Conv2D)            (None, 4, 4, 256)         614656

max_pooling2d_29 (MaxPooling  (None, 2, 2, 256)         0

conv2d_52 (Conv2D)            (None, 2, 2, 384)         885120

conv2d_53 (Conv2D)            (None, 2, 2, 384)         1327488

conv2d_54 (Conv2D)            (None, 2, 2, 256)         884992

max_pooling2d_30 (MaxPooling  (None, 1, 1, 256)         0

flatten_9 (Flatten)           (None, 256)               0

dense_22 (Dense)              (None, 4096)              1052672

dropout_24 (Dropout)          (None, 4096)              0

dense_23 (Dense)              (None, 4096)              16781312

dropout_25 (Dropout)          (None, 4096)              0

dense_24 (Dense)              (None, 10)                40970
=================================================================
Total params: 21,622,154
Trainable params: 21,622,154
Non-trainable params: 0
```

图 4-6　AlexNet 模型摘要信息

```
sgd = optimizers.SGD(lr = .01, momentum = 0.8, nesterov = True)
model.compile(loss = 'categorical_crossentropy', optimizer = sgd, metrics = ['accuracy'])
```

注意：这里使用的是 SGD 算法，也可以使用 Adam、RMSProp、Adagrad 和 Adadelta 进行实验，并分析比较它们的训练时间和获得的模型性能。

（10）设置检查点，目的是提高验证准确度，并替换最后保存的模型。

```
filepath = "weights.best.hdf5"
checkpoint = ModelCheckpoint(filepath, monitor = 'val_acc', verbose = 1, save_best_only = True,
mode = 'max')
callbacks_list = [checkpoint]
epochs = 50
```

提示：在进行模型开发的时候，验证准确度经常在下一个历元中下降，因此希望在更早的历元时期知道模型的准确度。例如，如果在第 5 个历元，获得 74% 的模型准确度，在第 6 个历元则下降到 73%，就会使用第 5 个历元而不是第 6 个历元获得的模型。使用检查点可以只保存准确度得到提高的模型而不是每个历元的模型。如果没有检查点，只能在最后一个历元中得到最终的模型，并不能保证得到最好的模型。因此，通常会建议使用检查点。

（11）使用 ImageDataGenerator 增强数据。该算法可以生成批量的图像数据，并可以进行实时的数据增强。数据将被（批量）循环使用。

```
datagen = ImageDataGenerator(horizontal_flip = True, width_shift_range = 0.115,
height_shift_range = 0.115, fill_mode = 'constant',cval = 0.)
datagen.fit(x_train)
```

（12）进行网络模型训练。注意，为了设置模型检查点，已经将回调设置为 callbacks_list。网络模型训练完成后，会获得如图 4-7 所示的输出（为简化，只展示了最后几个历元的输出结果）。在 50 个历元后，获得了 74.29% 的验证准确度。如果准确度没有得到提升，模型就不会改变当前最佳准确度，即 74.80%。

```
model.fit_generator(datagen.flow(x_train,y_train,batch_size = batch_size), steps_per_epoch
 = iterations,epochs = epochs,callbacks = callbacks_list,
validation_data = (x_test, y_test))
```

```
Epoch 00046: val_acc did not improve from 0.74870
Epoch 47/50
782/782 [==============================] - 23s 29ms/step - loss: 0.3578 - acc: 0.8708 - val_loss: 0.9420 - val_acc:
0.7369

Epoch 00047: val_acc did not improve from 0.74870
Epoch 48/50
782/782 [==============================] - 23s 30ms/step - loss: 0.3505 - acc: 0.8725 - val_loss: 0.9153 - val_acc:
0.7464

Epoch 00048: val_acc did not improve from 0.74870
Epoch 49/50
782/782 [==============================] - 23s 30ms/step - loss: 0.3436 - acc: 0.8757 - val_loss: 0.9361 - val_acc:
0.7390

Epoch 00049: val_acc did not improve from 0.74870
Epoch 50/50
782/782 [==============================] - 23s 30ms/step - loss: 0.3331 - acc: 0.8796 - val_loss: 0.9685 - val_acc:
0.7429
```

图 4-7　网络模型训练结果

（13）展示模型的性能表现。首先展示模型的准确性变化曲线，然后展示模型损失的变化曲线。准确性变化的代码如下，输出结果如图 4-8 所示。

```
import matplotlib.pyplot as plt
f, ax = plt.subplots()
ax.plot([None] + model.history.history['acc'], 'o-')
ax.plot([None] + model.history.history['val_acc'], 'x-')
ax.legend(['Train acc', 'Validation acc'], loc = 0)
ax.set_title('Training/Validation acc per Epoch')
ax.set_xlabel('Epoch')
ax.set_ylabel('acc')
```

（14）模型损失变化的代码如下，变化曲线如图 4-9 所示。

```
import matplotlib.pyplot as plt
f, ax = plt.subplots()
ax.plot([None] + model.history.history['loss'], 'o-')
ax.plot([None] + model.history.history['val_loss'], 'x-')
```

每个历元的训练集/验证集准确度

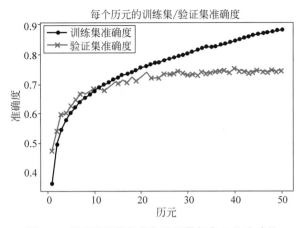

图 4-8　模型训练数据集与验证数据集上的准确性

```
ax.legend(['Train loss', 'Validation loss'], loc = 0)
ax.set_title('Training/Validation loss per Epoch')
ax.set_xlabel('Epoch')
ax.set_ylabel('acc')
```

每个历元的训练集/验证集损失

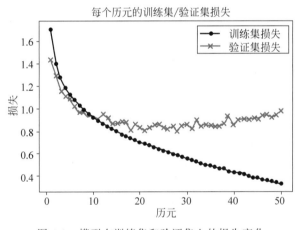

图 4-9　模型在训练集和验证集上的损失变化

（15）使用这个模型进行预测并使用预测函数生成关于预测结果的混淆矩阵。

```
predictions = model.predict(x_test)
```

（16）使用下列代码生成混淆矩阵时，可能会产生如图 4-10 所示的错误。原因是混淆矩阵要求预测值和图像标签都是数字，而不是一个 one-hot 编码向量。必须转换 test_values 的表示形式以避免产生这样的错误。

```
from sklearn.metrics import confusion_matrix
import numpy as np
```

```
confusion_matrix(y_test,
np.argmax(predictions,axis = 1))
```

```
----------------------------------------------------------------
ValueError                              Traceback (most recent call last)
<ipython-input-79-cb748a72dafc> in <module>()
----> 1 confusion_matrix(y_test, np.argmax(predictions,axis=1))

/usr/local/lib/python3.6/dist-packages/sklearn/metrics/classification.py in confusion_matrix(y_true, y_pred, labels,
sample_weight)
    251
    252         ...
--> 253         y_type, y_true, y_pred = _check_targets(y_true, y_pred)
    254         if y_type not in ("binary", "multiclass"):
    255             raise ValueError("%s is not supported" % y_type)

/usr/local/lib/python3.6/dist-packages/sklearn/metrics/classification.py in _check_targets(y_true, y_pred)
    79         if len(y_type) > 1:
    80             raise ValueError("Classification metrics can't handle a mix of {0} "
--> 81                              "and {1} targets".format(type_true, type_pred))
    82
    83         # We can't have more than one value on y_type => The set is no more needed

ValueError: Classification metrics can't handle a mix of multilabel-indicator and multiclass targets
```

图 4-10 代码错误

注意：可以输出预测值和 y_test[1]的值，检查它们之间的差异。

（17）把这些标签值转换成数字 1 并生成混淆矩阵。最后一条语句将会输出如图 4-11 所示的混淆矩阵。作为一个类别分类问题，这个矩阵将为每个类别生成相应的取值。

```
rounded_labels = np.argmax(y_test, axis = 1)
rounded_labels[1]
cm = confusion_matrix(rounded_labels,
np.argmax(predictions,axis = 1))
cm
```

```
array([[843,  19,  21,   8,  14,   5,  10,  11,  48,  21],
       [ 19, 878,   2,   3,   3,   5,   6,   4,  21,  59],
       [ 79,  11, 618,  41,  77,  43,  67,  36,  15,  13],
       [ 29,  29,  62, 499,  54, 168,  73,  42,  17,  27],
       [ 23,   6,  61,  47, 686,  34,  43,  82,  15,   3],
       [ 14,  14,  29, 127,  50, 632,  45,  65,  10,  14],
       [  8,  10,  47,  41,  33,  23, 815,   7,   5,  11],
       [ 17,   5,  14,  24,  35,  60,   9, 817,   7,  12],
       [ 53,  45,   6,   9,   2,   3,   2,   2, 860,  18],
       [ 38, 117,   4,   6,   3,   4,   7,   6,  34, 781]])
```

图 4-11 输出混淆矩阵

（18）定义混淆矩阵函数并生成如图 4-12 所示的混淆矩阵图。网络模型对一些类别做出了很好的预测。建议使用超参数调优的方式对网络模型做进一步的优化调试。

```
def plot_confusion_matrix(cm):
cm = [row/sum(row) for row in cm]
fig = plt.figure(figsize = (10, 10))
ax = fig.add_subplot(111)
cax = ax.matshow(cm, cmap = plt.cm.Oranges)
fig.colorbar(cax)
```

```
plt.title('Confusion Matrix')
plt.xlabel('Predicted Class IDs')
plt.ylabel('True Class IDs')
plt.show()
plot_confusion_matrix(cm)
```

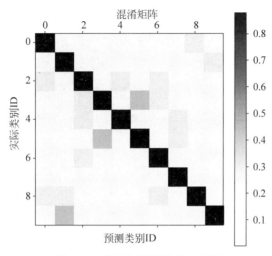

图 4-12　分类问题的混淆矩阵图

通过混淆矩阵图清楚地看出,网络模型可以对一些类别做出正确的预测。建议对模型超参数进行进一步的调优,并检查哪些类别会因为网络模型超参数的改变而受到影响。

对于这个实际案例,使用 CIFAR-10 数据集实现对 AlexNet 模型的训练,获得 74.80% 的验证准确度。下面使用这个数据集训练 VGG 模型,并对训练获得的网络模型性能进行度量。

4.2.3　使用 VGG 模型处理 CIFAR-10 数据集

现在使用 VGG 模型面向 CIFAR-10 数据集开发一个用于分类问题的解决方案。由于大部分的步骤与 4.3.1 节比较相似,所以没有提供所有的代码片段,主要讨论与前面有区别的部分。

(1) 导入程序库。

```
import keras
from keras.datasets import cifar10
from keras.preprocessing.image import
ImageDataGenerator
from keras.models import Sequential
from keras.callbacks import ModelCheckpoint
from keras.layers import Dense, Dropout,
Activation, Flatten from keras.layers import
```

```
Conv2D, MaxPooling2D, BatchNormalization
from keras import optimizers
import numpy as np
from keras.layers.core import Lambda
from keras import backend as K
from keras import regularizers
import matplotlib.pyplot as plt
import warnings warnings.
filterwarnings("ignore")
```

（2）设置超参数。

```
number_classes = 10
wght_decay = 0.00005
x_shape = [32,32,3]
batch_size = 64
maxepoches = 30
learning_rate = 0.1
learning_decay = 1e-6
learning_drop = 20
```

（3）加载数据并生成图像。

```
(x_train, y_train), (x_test, y_test) = cifar10.load_data()
x_train = x_train.astype('float32')
x_test = x_test.astype('float32')
fig = plt.figure(figsize = (18, 8))
columns = 5
rows = 5
for i in range(1, columns * rows + 1):
fig.add_subplot(rows, columns, i)
plt.imshow(x_train[i],
interpolation = 'lanczos')
```

（4）标准化图像数据。

```
mean = np.mean(x_train,axis = (0,1,2,3))
std = np.std(x_train, axis = (0, 1, 2, 3))
x_train = (x_train - mean)/(std + 1e-7)
x_test = (x_test - mean)/(std + 1e-7)
y_train = keras.utils.to_categorical(y_train,number_classes)
y_test = keras.utils.to_categorical(y_test,number_classes)
```

（5）创建 VGG16 模型。

```
model = Sequential()
model.add(Conv2D(64, (3, 3), padding = 'same',
input_shape = x_shape,kernel_
regularizer = regularizers.l2(wght_decay)))
```

```
model.add(Activation('relu'))
model.add(BatchNormalization())
model.add(Dropout(0.3))
model.add(Conv2D(64, (3, 3),
padding = 'same',kernel_regularizer = regularizers.
l2(wght_decay)))
model.add(Activation('relu'))
model.add(BatchNormalization())
model.add(MaxPooling2D(pool_size = (2, 2)))
model.add(Conv2D(128, (3, 3),
padding = 'same',kernel_regularizer = regularizers.
l2(wght_decay)))
model.add(Activation('relu'))
model.add(BatchNormalization())
model.add(Dropout(0.4))
model.add(Conv2D(128, (3, 3),
padding = 'same',kernel_regularizer = regularizers.
l2(wght_decay)))
model.add(Activation('relu'))
model.add(BatchNormalization())
model.add(MaxPooling2D(pool_size = (2, 2)))
model.add(Conv2D(256, (3, 3),
padding = 'same',kernel_regularizer = regularizers.
l2(wght_decay))) model.add(Activation('relu'))
model.add(BatchNormalization())
model.add(Dropout(0.4))
model.add(Conv2D(256, (3, 3),
padding = 'same',kernel_regularizer = regularizers.
l2(wght_decay))) model.add(Activation('relu'))
model.add(BatchNormalization())
model.add(Dropout(0.4))
model.add(Conv2D(256, (3, 3),
padding = 'same',kernel_regularizer = regularizers.
l2(wght_decay))) model.add(Activation('relu'))
model.add(BatchNormalization())
model.add(MaxPooling2D(pool_size = (2, 2)))
model.add(Conv2D(512, (3, 3),
padding = 'same',kernel_regularizer = regularizers.
l2(wght_decay))) model.add(Activation('relu'))
model.add(BatchNormalization())
model.add(Dropout(0.4))
model.add(Conv2D(512, (3, 3),
padding = 'same',kernel_regularizer = regularizers.
l2(wght_decay))) model.add(Activation('relu'))
model.add(BatchNormalization())
model.add(Dropout(0.4))
model.add(Conv2D(512, (3, 3),
```

```
padding = 'same',kernel_regularizer = regularizers.
l2(wght_decay))) model.add(Activation('relu'))
model.add(BatchNormalization())
model.add(MaxPooling2D(pool_size = (2, 2)))
model.add(Conv2D(512, (3, 3),
padding = 'same',kernel_regularizer = regularizers.
l2(wght_decay)))
model.add(Activation('relu'))
model.add(BatchNormalization())
model.add(Dropout(0.4))
model.add(Conv2D(512, (3, 3),
padding = 'same',kernel_regularizer = regularizers.
l2(wght_decay)))
model.add(Activation('relu'))
model.add(BatchNormalization())
model.add(Dropout(0.4))
model.add(Conv2D(512, (3, 3),
padding = 'same',kernel_regularizer = regularizers.
l2(wght_decay))) model.add(Activation('relu'))
model.add(BatchNormalization())
model.add(MaxPooling2D(pool_size = (2, 2)))
model.add(Dropout(0.5))
model.add(Flatten()) model.
add(Dense(512,kernel_regularizer = regularizers.
l2(wght_decay))) model.add(Activation('relu'))
model.add(BatchNormalization())
model.add(Dropout(0.5)) model.add(Dense(number_
classes)) model.add(Activation('softmax'))
```

（6）生成模型摘要。

```
model.summary()
```

（7）从图像增强到 VGG 网络拟合，这部分与 4.3.1 节的实例完全相同。使用代码进行模型训练，可获得图 4-13 所示的输出，模型的最佳验证准确度为 82.74%。这里只展示了最后一个历元得到的数据。

```
image_augm = ImageDataGenerator( featurewise_
center = False, samplewise_center = False,
featurewise_std_normalization = False,
samplewise_std_normalization = False, zca_
whitening = False, rotation_range = 12, width_
shift_range = 0.2, height_shift_range = 0.1,
horizontal_flip = True, vertical_flip = False)
image_augm.fit(x_train)
sgd = optimizers.SGD(lr = learning_rate,
decay = learning_decay, momentum = 0.9,
nesterov = True)
```

```
model.compile(loss = 'categorical_crossentropy',
optimizer = sgd,metrics = ['accuracy'])
filepath = "weights.best.hdf5"
checkpoint = ModelCheckpoint(filepath,
monitor = 'val_acc', verbose = 1,
save_best_only = True, mode = 'max')
callbacks_list = [checkpoint]
trained_model = model.fit_generator(image_augm.
flow(x_train, y_train, batch_size = batch_size),
steps_per_epoch = x_train.shape[0]//batch_size,
epochs = maxepoches,
validation_data = (x_test, y_
test),callbacks = callbacks_list,verbose = 1)
```

```
Epoch 27/30
781/781 [==============================] - 36s 46ms/step - loss: 1.1554 - acc: 0.7690 - val_loss: 0.9821 - val_acc:
0.8274

Epoch 00027: val_acc improved from 0.80260 to 0.82740, saving model to weights.best.hdf5
Epoch 28/30
781/781 [==============================] - 36s 46ms/step - loss: 1.1403 - acc: 0.7699 - val_loss: 1.1028 - val_acc:
0.7885

Epoch 00028: val_acc did not improve from 0.82740
Epoch 29/30
781/781 [==============================] - 36s 46ms/step - loss: 1.1073 - acc: 0.7805 - val_loss: 1.0811 - val_acc:
0.7917

Epoch 00029: val_acc did not improve from 0.82740
Epoch 30/30
781/781 [==============================] - 36s 46ms/step - loss: 1.0992 - acc: 0.7835 - val_loss: 0.9948 - val_acc:
0.8231

Epoch 00030: val_acc did not improve from 0.82740
```

图 4-13　模型训练结果

（8）绘制模型准确度变化曲线，最后绘制模型输出结果的混淆矩阵。使用的代码和
AlexNet 的代码一模一样。模型准确度的变化如图 4-14 所示，模型损失的变化曲线如
图 4-15 所示。得到的混淆矩阵如图 4-16 所示，VGG 混淆矩阵图如图 4-17 所示。

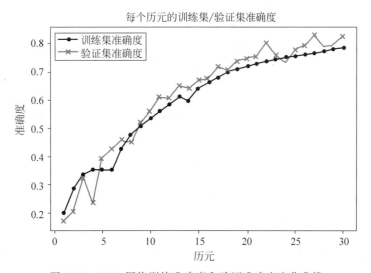

图 4-14　VGG 网络训练准确度和验证准确度变化曲线

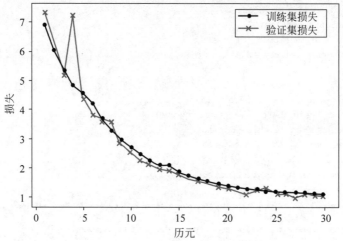

图 4-15　VGG 网络在训练集和验证集上的损失变化曲线

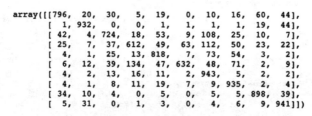

图 4-16　混淆矩阵

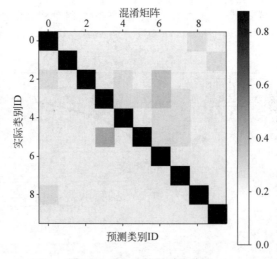

图 4-17　VGG 的混淆矩阵图

这个模型在验证集上的损失小于模型在训练集上的损失。通常,会认为模型在训练集上的准确性要高于在测试集上的准确性,这里出现的则是相反的情形,原因如下所述。

（1）在使用 Keras 生成深度学习解决方案的时候，用到的是训练模式和测试模式这两种模式。在测试阶段，将不会使用 Dropout 或 L1/L2 权重正则化等模型正则化方法。

（2）将每批训练数据的平均损失作为模型在训练集上的损失，而模型在测试集上的损失则是分别对每个测试样本进行计算，并在历元结束时进行计算；此时，模型在测试集上的损失会更低一些。

（3）随着时间的推移，不断地通过训练来改进模型的性能，使得关于初始批次的损失大多高于关于最终批次的损失。

一般来说，模型在测试集上的准确性要低于在训练集上的准确性。如果模型测试准确度远远低于训练准确度，那么称模型对训练样本产生了过度拟合，已经在第 1 章中讨论了过度拟合这个问题，在本书后面的章节中会再次详细讨论这个问题。

4.3 AlexNet 模型和 VGG 模型的比较

对 AlexNet 模型和 VGGNet 模型的性能进行比较。

（1）VGG 模型的验证准确率高于 AlexNet 模型（82.74% 大于 74.80%）。

（2）从混淆矩阵可以看出，VGG 模型正确预测的类别要比 AlexNet 多一些。

但是，这并不意味着可以由此概括地断定 VGG 模型的模型性能表现总是超过 AlexNet。这里只是根据特定数据集和现有业务问题测试这两个模型。

需要注意的是，对于讨论的应用案例，AlexNet 模型被训练了 50 个历元，而 VGGNet 模型则只需要 30 个历元。读者可以尝试使用相同数量的历元进行模型训练，并分析所得模型的性能差异。

在选择网络模型的时候，通过比较两种架构所需的训练时间、对数据集要求、跨历元的变化，最后是准确度 KPI。这两种架构都经常被深度学习社区引用和推崇。

4.4 使用 CIFAR-100 数据集

前面的案例均使用了 CIFAR-10 数据集，如果计划采用 CIFAR-100 数据集，则需要对代码进行更改。

（1）在导入库时，是导入 cifar100 而不是 cifar10。

```
from keras.datasets import cifar100
```

（2）类似地，加载 CIFAR-100 数据集。

```
(x_train, y_train), (x_test, y_test) = cifar100.load_data()
```

（3）类别的数量是 100 而不是 10。只要提到类别的数量，就应该将其改为 100。然后对模型进行拟合，并对结果进行分析。

4.5 小结

本章主要介绍了 AlexNet 模型和 VGG 模型,并使用 CIFAR 数据集开发了一些关于图像类别分类的解决方案。

由于两个网络模型易于理解,且能够快速实现,所以经常被用作基于计算机视觉解决方案的开发基准。

AlexNet 模型和 VGG 模型在论文和文献中被多次引用。它们还被广泛应用于许多面向实际问题的解决方案。在实际的解决方案实现过程中,数据集的质量决定了网络模型的预测能力。因此,如果在自定义的数据集上实现网络模型的训练,需要在图像集合中进行尽职调查。

数据集应该代表现实世界的业务场景。如果数据集不能很好地捕获真实的业务场景,那么解决方案就不能很好地解决业务问题。因此,需要在数据获取方面花费大量的时间和资源。第 8 章会重点介绍这些概念。并详细讨论有关问题。

习题

(1) AlexNet 模型和 VGG 模型的区别是什么?

(2) 解释检查点的重要性。

(3) 使用第 1 章中给出的德国交通标志数据集训练 VGG16 和 VGG19,并比较两种模型的准确度。

(4) 了解 VGG 模型和 AlexNet 模型的行业实现。

(5) 从 https://data. mendeley. com/datasets/4drtyfjtfy/1 下载用于图像分类的多类别天气数据集。开发相关 AlexNet 和 VGG 网络模型,并比较模型分类准确性。

(6) 从 https://data. mendeley. com/datasets/5y9wdsg2zt/2 获取用于分类的混凝土裂缝图像数据集,分别开发基于 VGG16 和 VGG19 的解决方案。

拓展阅读

[1] Krizhevsky A, Sutskever I, Hinton G. ImageNet Classification with Deep Convolutional Neural Networks[J]. Advances in neural information processing systems, 2012, 25(2).

[2] Simonyan K, Zisserman A. Very Deep Convolutional Networks for Large-Scale Image Recognition [EB/OL]. (2015-04-10)https://arxiv. org/abs/1409. 1556.

[3] Image Classification on CIFAR-10 [EB/OL]. https://paperswithcode. com/sota/image-classification-on-cifar-10.

[4] Image Classification on CIFAR-100 [EB/OL]. https://paperswithcode. com/sota/imageclassification-on-cifar-100.

第5章

使用深度学习进行目标检测

有些事情不能仅仅因为不像你计划的那样,就认为它们毫无意义。

——托马斯·爱迪生

为了解决特定的问题,在尝试了多种解决方案,经过多次迭代后,最终找到了最佳的解决方案。机器学习和深度学习没有什么不同。在探索阶段,为了提高前一版本算法的性能,需要对算法进行不断的改进和完善。在最后阶段,观察到的模型的性能弱点、缓慢的计算、错误的分类——所有这些都为了建立更好的解决方案铺平道路。

第3章和第4章分别介绍并创建了将图像分类为两个类别或多个类别的解决方案。但是,大多数图像中只有一个目标,并没有识别出图像中目标的位置,因此只能判别某个目标是否存在于某个图像之中。本章将识别图像中的目标,并通过在目标周围创建边界框确定这个目标的位置。

目前已经存在相当多的目标检测网络模型架构,例如 R-CNN、Fast R-CNN、Faster R-CNN、单阶段多框检测器(Single Shot MultiBox Detector,SSD),和 YOLO(You Only Look Once)等。本章将讨论这些网络架构并创建相应的 Python 解决方案。

本章覆盖的如下主题:

- 目标检测和应用实例;
- R-CNN、Fast R-CNN 和 Faster R-CNN 网络架构;
- SSD;
- YOLO;
- 算法的 Python 实现。

本章有关代码和数据集已经上传到 GitHub 链接 https://github.com/Apress/computer-vision-using-deep-learning/tree/main/Chapter5 中,建议使用 Jupyter Notebook 代码编辑器。对于本章内容,常用计算机的 CPU 就足以执行全部的代码。但是,如果需要的话,也可以使用 Google Colaboratory。如果读者不会设置 Google Colaboratory,可以参考本书附录列出的参考信息。

5.1　目标检测

目标检测是机器学习和深度学习领域中被引用最多且得到普遍公认的一种解决方案，也是一种相当新颖和有趣解决方案。关于目标检测的实际应用案例有很多，因此，研究机构和研究人员正在花费大量的时间和资源来发掘这种能力。顾名思义，目标检测是一种在图像或视频中定位目标的计算机视觉技术，例如可以在直播的视频中进行实时目标检测。当看到一张图片时，可以快速地识别出图片中的目标和它们各自在图像中所处的位置。如果它是一个苹果，一辆汽车或一个人，还可以迅速地对它们的类别进行分类。我们可以从任何角度来确定目标的类别，原因在于我们的大脑已经被训练成能够识别各种目标的方式。即使一个目标的形状变小或者变大，我们也能发现并定位它们。

目标检测的目标是利用机器学习和深度学习复制人类这种智能的决策能力。本章将介绍目标检测、定位和分类的概念并开发相应 Python 代码。

在学习目标检测基础知识之前，首先应该考察目标分类、目标定位和目标检测之间的区别，它们都是为目标检测而建立的概念。

5.1.1　目标分类、目标定位与目标检测

某个吸尘器的外观如图 5-1 所示。基于前面的章节中开发的图像分类解决方案可以将这样的图像分类到"真空吸尘器"类别或"非真空吸尘器"类别，所以很容易可以把第一个图像标记为真空吸尘器。

目标定位是要找到目标在图像中的位置。因此，对图像中的目标进行定位时，就意味着算法要有双重的职责：对图像中的目标进行分类的同时在目标的周围绘制一个边界框。在图 5-1(a)中，将目标分类为真空吸尘器，即可以对图像中的目标是否为吸尘器进行分类；在图 5-1(b)中，在目标的周围画了一个方框，即给图像中的目标进行了定位。

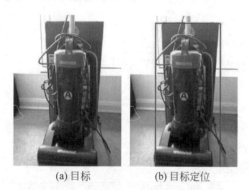

(a)目标　　　(b)目标定位

图 5-1　目标检测中的目标识别和定位

由于同一幅图像中可以有多个对象，甚至在同一幅图像中有多个不同类别的对象，因此必须扩展解决方案，实现对这些目标的识别，并在它们周围画出边界框。一个被训练用于检测汽车目标的网络模型解决方案就是一个具体的应用案例。在繁忙的道路上会有很多辆汽车，因此训练出来的网络模型应该能够检测出每辆汽车，并在它们的周围正确地绘制出边界框。

图像中的目标检测无疑是一个极好的问题求解案例。下面讨论目标检测的具体应用

案例。

5.1.2　目标检测的应用案例

深度学习已经扩展了许多跨领域和跨组织的功能。目标检测是一个关键的非常强大的问题求解案例和应用场景,正在对我们的商业和个人世界产生巨大的影响。目标检测的主要应用场景如下所述。

(1) 目标检测是支撑自动驾驶系统的一个关键智能技术。目标自动检测算法能够自动检测到汽车、行人、背景、摩托车等目标,以提高汽车在道路上行驶的安全性。

(2) 可以使用目标检测算法自动检测手中的目标。将这个算法应用于公共安全和视频监控的场合,可以使视频监控系统变得更加智能和准确,可以使人群控制系统变得更加复杂并且反应更加敏捷。

(3) 可以使用目标检测算法自动检测购物篮中的目标。零售商可以使用这种目标算法进行商品的自动交易,减少人工干预的过程,加快交易进程。

(4) 可以将目标检测算法用于机械系统和生产线上的产品质量检测。使用目标检测算法检测出产品上可能存在的对产品形成污染的物质。

(5) 在医学领域,还可以通过分析身体部位的扫描图像识别疾病,帮助患者更快地得到有效的治疗。

目标检测目前是一个研究焦点,每天都有崭新的进展。世界各地的研究组织和研究人员正在这个领域掀起一个个巨大的波澜,并创造多个具有开创性的解决方案。

5.2　目标检测方法

可以使用机器学习和深度学习方法进行目标检测。本书主要讨论基于深度学习的目标检测方法,但对于比较好奇的读者,还可以关注下面这些解决方案。

(1) 图像分割使用诸如形状、大小和颜色等简单的属性对象。

(2) 可以使用聚合信道特征(Aggregated Channel Feature,ACF),它是信道特征的一种变体。ACF 并不对不同位置或范围的矩形进行累加计算,而是直接提取像素特征。

(3) Viola-Jones 算法可以用于人脸检测。具体参考本章最后的推荐阅读论文。

还可以使用 RANSAC(random sample consensus)、基于 Haar 特征的级联分类器、使用 HOG 特征的 SVM 分类等解决方案进行目标检测。用于目标检测的常用深度学习网络架构如下所述。

(1) R-CNN:具有 CNN 特征的区域。它结合了建议区域与 CNN 模型。

(2) Fast R-CNN:快速基于区域的卷积神经网络。

(3) Faster R-CNN:使用基于提议区域目标检测网络来假设目标的位置。

(4) Mask R-CNN:这个网络扩展了 Faster R-CNN,在每个感兴趣的区域上添加了关于分割掩码的预测。

（5）YOLO：使用单个神经网络模型一次性预测图像中目标的边界框和目标所属类别概率。

（6）SSD：使用单个神经网络模型预测图像中目标的位置。

5.3　目标检测的深度学习框架

基于深度学习的目标检测算法和架构由一些组件和概念组成。在深入考察这些网络框架的体系结构之前，首先学习关于目标检测算法的一些重要部件，其中最关键的部件包括面向滑动窗口的目标检测、边界框方法、重叠度（IoU）、非极大性抑制和锚盒。

5.3.1　目标检测的滑窗法

检测图像中目标时，有一个非常简单的思路：首先把图像划分成一些区域或者某些特定的区域，然后逐个对这些区域进行分类。这种目标检测方法就是滑动窗口法，简称为滑窗法。顾名思义，滑窗是一个可以在整个图像中滑动的矩形框。该框具有固定的长度和宽度并使用某个步长在整个图像上移动。

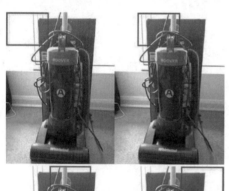

图 5-2　使用滑动窗口法检测和识别某个目标

如图 5-2 所示，在图像中的每个部分使用滑窗。红色方框在整个真空吸尘器的图像上滑动。沿着某一行从左到右的滑动，完成后再进入下一行的滑动。滑窗依次将图像中的不同部分变成观察点。因为这个窗口是滑动的，通常将这种方法称为滑动窗口法。这个过程虽然能够检测目标，却是一个计算昂贵、非常耗时的过程。

对于被滑窗界定为观察点的每个区域，可以将这些区域分类为是否包含感兴趣目标的类别，然后增加滑动窗口的大小并继续这个过程。

滑窗法已经被证明是一种有效的目标检测方法，但它是一种计算非常昂贵的技术，而且实现起来会非常慢，因为需要对图像中的所有区域进行分类。同样，为了实现对图像中目标的定位，需要比较小的窗口大小和比较小的移动步长。

5.3.2 边界框方法

因为滑动窗口法依赖于窗口的大小，输出的边界框不够精确。此时可以使用边界框方法，将整个图像划分为 $x \times x$ 个网格，然后为每个网格定义目标标签。边界框方法可以生成边界框的 x 坐标、y 坐标、高度、宽度和类别概率。如图 5-3 所示的边界框可以提供以下细节信息。

(1) Pc 表示网格单元中包含目标的概率，0：没有目标；1：包含目标。

(2) 如果 Pc 为 1，Bx 是边界框的 x 坐标。

(3) 如果 Pc 为 1，By 是边界框的 y 坐标。

(4) 如果 Pc 为 1，Bh 是边界框的高度。

(5) 如果 Pc 为 1，Bw 是边界框的宽度。

(6) C1 表示该对象属于第 1 个类别的概率。

(7) C2 表示该对象属于第 2 个类别的概率。

图 5-3 边界框方法

注意：类别的数量取决于当前问题是二分类还是多分类。

如果某个目标同时位于多个网格，那么包含关于该目标像素点的所有网格都要负责对该目标的检测。

提示：在实际案例的开发通常使用 19×19 的网格。此外，目标的中点同时位于两个独立网格的可能性较小。

5.3.3 重叠度指标

重叠度(IoU)用于确定关于目标位置的预测值距离实际真相有多近的度量指标。如图 5-4 所示，利用式(5-1)计算重叠度，分子是公共面积，分母是两个面积的并集。

$$IoU = 重叠区域 / 所有与目标相关区域的合并 \tag{5-1}$$

IoU 的取值越高越好。IoU 取值越大，就表明与目标相关区域的重叠性越好。因此，对目标位置的预测就越准确，预测效果就越好。如图 5-5 所示，与 IoU 值为 0.85 或 0.90 相比，IoU 值为 0.15 所对应的方框之间重叠度非常少。这就意味着 0.85 或 0.90 的 IoU 比 0.15 的 IoU 更好，接近于 1.0 的 IoU 值比 0.15 的 IoU 值具有更加准确的目标检测效果。因此，可以使用 IoU 这个指标度量和比较关于目标检测的解决方案。

IoU 指标不仅可以衡量和比较各种解决方案的性能，而且更容易区分有用的边界框和不那么有用的边界框。事实上，IoU 指标是一个具有广泛用途的重要概念。使用 IoU 指标，可以比较和对比所有可能解决方案的可接受性，并从中选择最好的一个解决方案。

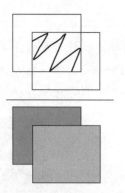

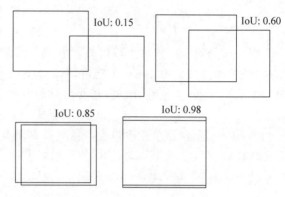

图 5-4　使用 IoU 度量目标检测方法性能　　　图 5-5　不同位置重叠块的 IoU 值

5.3.4　非极大性抑制

在试图检测图像中某个目标的时候,这个目标通常与多个网格相关联,如图 5-6 所示,一个目标可以跨越多个网格,哪个网格包含目标的效果最好,就选择哪个网格作为最终的目标检测结果。如果某个网格以最高的概率包含这个目标,那么这个网格的中心位置显然就是关于该目标位置的最终预测结果。

图 5-6　确定最终的目标检测结果

通常按下列几个步骤完成这个过程。

（1）得到所有网格各自的概率。

（2）设置概率阈值和 IoU 阈值。

（3）丢弃概率值低于该阈值的网格。

（4）选择概率较大网格作为边界框。

（5）计算剩余边界框的 IoU。

（6）丢弃低于 IoU 阈值边界框。

使用非最大抑制,可以丢弃大多数低于一定的阈值的边界框,保留重要的和有意义的信息,去除具有更多噪声的信息。

提示：通常将阈值设置为 0.5。建议使用不同的值进行迭代计算,并分析比较不同的阈值设置所产生的效果差异。

5.3.5　锚盒

我们不仅希望使用深度学习技术完成图像中的目标检测,还需要一种快速准确的方法来获取目标的位置和大小。锚盒就是对于目标检测非常有用的一个概念。锚盒用于捕获要检测对象的大小和长宽比。通常需要根据被检测对象的大小来预设锚盒的大小(高度和宽度）。图 5-7 给出了关于锚盒的图示，可以使用锚盒对图像区域进行平铺填充，神经网络将为每个锚盒输出唯一的一组预测值。

在目标检测的过程中，将每个锚盒平铺在图像区域，神经网络将为每个锚盒输出唯一的一组预测值。输出值中包括锚盒的概率值、IoU 指标、背景和偏移量。可以根据预测结果对锚盒做进一步精细化处理，使用多种不同尺寸的锚盒检测不同尺寸的目标。因此，锚盒可用于检测不同大小的目标，甚至可以使用锚盒

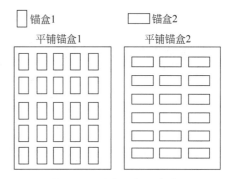

图 5-7 锚盒用于捕获目标的大小和长宽比

检测多个或重叠的对象。与滑动窗口相比，这无疑是一个很大的改进。因为可以对整个图像进行一次性处理，所以可以实现更快的实时目标检测。这种网络模型不能预测边界框，只能给出各个平铺锚盒的概率值和改进值。

了解目标检测算法的若干关键部件后，下面讨论用于目标检测的深度学习网络模型架构。

5.4 深度学习网络架构

深度学习技术有助于解决目标检测问题，可以在图像、视频甚至直播视频流中检测感兴趣的对象。本章将创建一个实时视频流解决方案。

滑动窗口方法存在一些问题。对象在图像中可以有不同的位置，可以有不同的纵横比或大小。一个目标可能覆盖整个区域；另外，在某些地方，它只覆盖很小的百分比。图像中可能有多个目标。这些对象可以处于不同的角度或维度，或者一个对象可以位于多个网格中。而且，有些用例需要实时预测，且结果拥有非常多的区域，因此需要巨大的计算能力和计算时间。传统的图像分析和检测方法在这种情况下没有多大帮助。因此，需要基于深度学习的解决方案解决和开发鲁棒的目标检测解决方案。基于深度学习的解决方案能够更好地训练模型，获得更好的结果。

5.4.1 基于区域的 CNN

拥有大量的备选区域是目标检测算法的一项严峻挑战。Ross Girshick 等提出了基于区域的 CNN(Region-based CNN,R-CNN)解决对大量备选区域的选择问题。R-CNN 是一种基于备选区域的 CNN 网络架构。该解决方案建议使用选择性搜索方法，仅从图像中提取 2000 个区域，而不是对大量的备选区域进行分类。这些被提取出来的区域称为"建议区域"。R-CNN 的基本架构如图 5-8 所示。

图 5-8 给出了基于 R-CNN 的目标检测基本过程，具体如下。

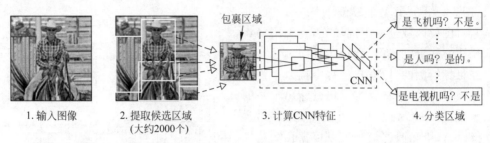

图 5-8　R-CNN 执行过程(来源：https://arxiv.org/pdf/1311.2524.pdf)

（1）输入图像数据，如图 5-8 中步骤 1 所示。

（2）获得感兴趣的建议区域，如图 5-8 中步骤 2 所示。这里有 2000 个建议区域。可以通过下列步骤获得建议区域：

- 首先为图像创建初始的区域划分。
- 然后由这些区域划分块生成不同的候选区域。
- 使用贪心算法迭代地将相似的候选区域合并成更大的候选区域。
- 将最后生成的候选区域作为建议区域输出这些建议区域。

（3）根据 CNN 模型对所有 2000 个建议区域进行重构。

（4）使用 CNN 考察每个建议区域，获得每个建议区域的特征。

（5）使用支持向量机分析提取出来的关于建议区域特征信息，对建议区域是否包含目标的类别进行分类。

（6）使用关于边界框回归分析给出关于目标边界框的预测。这意味着最终实现了对图像中目标类别的预测。如图 5-8 最后一步所示，给出了被预测图像区域是飞机、人还是电视显示器的预测判别。

R-CNN 使用上述过程实现对图像中目标的自动检测。这无疑是一个具有创新性的网络架构，它通过提出一种具有影响力的建议区域来实现目标检测。但是 R-CNN 也面临以下挑战。

（1）R-CNN 模型实现了 3 种算法(CNN 用于特征提取，SVM 用于目标分类，关于边界框回归分析用于获得关于目标的边界框)。这使得 R-CNN 方案的模型训练过程非常缓慢。

（2）R-CNN 模型使用 CNN 实现对每个建议区域的特征信息提取。每个图像中建议区域的数量是 2000 个。这意味着如果有 1000 张图，那么就需要提取 1000×2000 个建议区域的特征信息，显然会降低目标检测速度。

（3）基于上述分析，对一个图像的目标检测通常需要 40～50s 的时间。对于庞大的图像数据集来说，这显然是一个问题。

（4）另外，选择性搜索算法比较固定，不能对该算法做太多的改进。

由于 R-CNN 的目标检测速度比较慢，而且对于巨大的图像数据集实现起来相当困难。因此，R-CNN 的作者 Ross Girshick 提出了 Fast R-CNN 来克服这些问题。

5.4.2 Fast R-CNN

在 R-CNN 模型中,由于需要分别为每幅图像提取 2000 个建议区域,因此模型训练或模型测试在计算复杂度上是一个挑战。为了解决这个问题,Ross Girshick 等提出了 Fast R-CNN 网络模型,只需对每张图运行一次 CNN 计算就可以获得所有 2000 个建议区域的特征信息,而不是对每张图执行 2000 次 CNN 计算。图 5-9 给出了 Fast R-CNN 的网络架构。

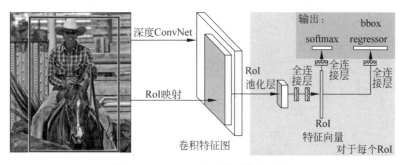

图 5-9 Fast R-CNN 模型执行过程

(来源:https://arxiv.org/pdf/1504.08083.pdf,并经研究人员许可在此发布)

获得建议区域后,对建议区域进行池化层处理,重塑所有输入信息,然后使用全连接层对其进行评估,最后使用 Softmax 层进行分类。

除了少数一些变化外,Fast R-CNN 的处理流程与 R-CNN 类似。

(1) 图像输入如图 5-9 所示。

(2) 图像传递给卷积网络,由卷积网络输出各个建议区域。

(3) 对建议区域进行池化层处理,通过对卷积输入数据重塑得到新的建议区域。因此,通过建议区域池化层处理,使得所有建议区域的大小都相同。

(4) 将每个区域传递到全连接层。

(5) 使用 Softmax 层进行分类,并使用边界框回归器获得目标边界框的坐标。

与 R-CNN 模型相比,Fast R-CNN 具有下面几个优势。

(1) Fast R-CNN 不需要每次向 CNN 提供 2000 个提案区域,比 R-CNN 更快。

(2) Fast R-CNN 对每张图像只使用一次卷积操作,而不是像 R-CNN 那样使用 3 次卷积操作(提取特征、分类和生成目标边界框)。不需要存储特性映射,可以节省磁盘空间。

(3) Softmax 层通常比 SVM 层具有更好的准确性和更快的执行时间。

Fast R-CNN 显著减少了模型训练时间,也被证明具有更好的模型准确性。然而,Fast R-CNN 仍然使用选择性搜索方法获取建议区域,这使得它的模型性能没有得到显著的提高。因此,对于一个大型数据集,Fast R-CNN 预测速度仍然不够快。

5.4.3　Faster R-CNN

为了克服 R-CNN 和 Fast R-CNN 模型训练速度慢的问题，Shaoqing Ran 等提出了 Faster R-CNN 模型。Faster R-CNN 的改进思路是使用区域提议网络（Region Proposal Network，RPN）取代缓慢耗时的选择性搜索算法。Faster R-CNN 的基本架构如图 5-10 所示，该模型主要包括两个模块，第一个模块用于产生建议区域的深度全卷积网络，第二个模块利用使用区域进行目标检测的 Fast R-CNN 检测器，两者构成一个统一的目标检测网络架构。

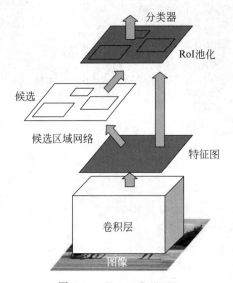

图 5-10　Faster R-CNN

（来源：https://papers.nips.cc/paper/2015/file/14bfa6bb14875e45bba028a21ed38046-Paper.pdf）

Faster R-CNN 的工作方式如下所述。

（1）首先将一张图像输入 CNN，如图 5-10 所示。

（2）由 CNN 生成的特征图后，交给 RPN 进行处理。RPN 的工作原理参见图 5-11，要点如下：RPN 接收由 CNN 模型在最后一步生成的特征图；RPN 使用滑窗基于特征图生成 k 个锚盒；生成的锚盒具有不同的形状和大小；RPN 预测锚盒是否为包含目标的锚盒；通过对边界盒的回归分析调整锚盒；RPN 并没有给出目标的类别，获得可能包含目标的建议区域和相应的得分。

（3）对建议区域使用池化层进行处理，使得所有的建议区域具有相同的尺寸。

（4）将建议区域提供给带有 Softmax 和线性回归分析功能的全连接层。

（5）输出关于目标类别及其边界框的预测结果。

Faster R-CNN 能够巧妙地将带全连接层的深度卷积网络和 Fast R-CNN 的 RPN 方法结合起来，形成一体化的统一目标检测解决方案。

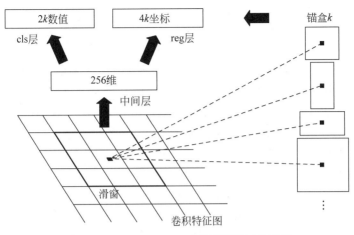

图 5-11　Faster R-CNN 中使用提议区域网络

虽然 Faster R-CNN 在性能上比 R-CNN 和 Fast R-CNN 都有一定的提高,但是该算法并不能同时分析图像的所有部分。相反,图像中的每个部分都被安排在某个序列中进行分析。因此,Faster R-CNN 仍然需要对单个图像进行大量的遍历来识别所有的目标。此外,对于按序列进行串行工作的大多数系统来说,其性能大多取决于前面各个步骤的性能。

5.4.4　YOLO 算法

YOLO 算法可以实现实时的目标检测效果。之前讨论的算法使用图像中的特定区域来定位图像中的目标。这些算法每次看到的只是图像中的某个部分,而不是完整的图像。YOLO 则使用单个 CNN 模型预测目标的边界框和属于某个类别的概率。YOLO 目标检测算法由 Joseph Redmon 等在 2016 年提出。如图 5-12 所示,YOLO 将图像划分为一种网络形式(用 S 表示),使用每个网格单元预测目标的边界框(用 B 表示),然后 YOLO 对每个边界框进行运算,生成用于评判边界框优劣的置信度分数,并且预测出目标的属于某个类别的概率。最后,选取带有上述类别概率和置信度分数的边界框,并使用这些边界框实现对图像中目标的定位。

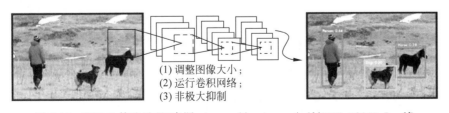

图 5-12　YOLO 算法过程(来源: https://arxiv.org/pdf/1506.02640v5.pdf)

1. YOLO 的显著性特征

YOLO 具有以下显著性特征。

（1）YOLO 将输入图像划分为 $S \times S$ 的网格，每个网格只负责预测某个对象。如果某个对象的中心落在某个网格单元中，那么该网格单元就负责实现对该目标的检测。

（2）对于每个网格单元，都有一个预测边界框（B）。每个边界框有 5 个属性：x 坐标、y 坐标、宽度、高度和置信度分数，即它有 (x, y, w, h) 和一个分数。这个置信分数值表示的是关于方框中包含一个目标置信度。它也反映了边界框的准确度。

（3）网格单元的宽度 w 和高度 h 被归一化为图像的宽度和高度。坐标 x 和 y 表示相对于网格单元边界的中心。

（4）置信被定义为概率（目标）乘以 IoU 指标。如果网格中没有目标，那么置信度为零。否则，置信度就等于被预测的方框和真实数据之间的 IoU。

（5）每个网格单元被预测为 C 类的条件概率—— $\Pr(\text{Classi} \mid \text{Object})$。这些概率取决于包含目标的网格单元。对每个网格单元只预测一组关于类别的概率，而不考虑边界框 B 的数量。

（6）在模型测试环节，将类别条件概率和与将目标类别归属的模型预测概率相乘，得到关于每个边界框包含某个特定类别目标的置信度分数：

$$\Pr(\text{Class}_i \mid \text{Object}) \times \Pr(\text{Object}) \times \text{IoU}_{\text{pred}}^{\text{truth}} = \Pr(\text{Class}_i) \times \text{IoU}_{\text{pred}}^{\text{truth}} \tag{5-2}$$

下面讨论如何在 YOLO 中计算损失函数。在详细研究整个模型的体系结构之前，理解关于损失函数的计算公式是一件非常重要的事情。

2. YOLO 中的损失函数

YOLO 算法首先对每个单元格的多个边界框进行预测，然后根据真值数据选择具有最大 IoU 的边界框。为了计算损失，YOLO 算法面向模型输出的误差平方和进行最优化计算，因为误差平方和比较容易进行最优化计算。

损失函数的计算公式如式（5-3）所示，包括局部损失、置信度损失和分类损失这几项。首先给出损失函数的完整表达式，然后再详细介绍其中的每一项。

$$
\begin{aligned}
&\lambda_{\text{coord}} \sum_{i=0}^{s^2} \sum_{j=0}^{s} \mathbb{1}_i^{\text{obj}} [(x_i - \hat{x}_i)^2 + (y_i - \hat{y}_i)^2] \\
&+ \lambda_{\text{coord}} \sum_{i=0}^{s^2} \sum_{j=0}^{s} \mathbb{1}_{ij}^{\text{obj}} [(\sqrt{w_i} - \sqrt{\hat{w}_i})^2 + (\sqrt{n_i} - \sqrt{\hat{n}_i})^2] \\
&+ \sum_{i=0}^{s^2} \sum_{j=0}^{s} \mathbb{1}_{ij}^{\text{obj}} (c_i - \hat{c}_i)^2 \\
&+ \lambda_{\text{coord}} \sum_{i=0}^{s^2} \sum_{j=0}^{s} \mathbb{1}_{ij}^{\text{nobj}} (c_i - \hat{c}_i)^2 \\
&+ \sum_{i=0}^{s^2} \mathbb{1}_i^{\text{obj}} \sum_{\text{coord}} (p_i(c) - \hat{p}_i(c))^1
\end{aligned}
\tag{5-3}
$$

- 目标位置损失函数
- 框内检测出物体的置信度损失
- 框内未检测出物体的置信度损失
- 目标分类损失函数

式（5-3）表示的损失函数计算式中包含定位损失、置信度损失和分类损失，其中 $\mathbb{1}_i^{\text{obj}}$ 表示目标出现在单元格 i 中，$\mathbb{1}_i^{obj}$ 表示网格单元 i 中的第 j 个边界框的预测器对该预测"负责"。

（1）定位损失用于度量预测边界框的误差，就是度量边界框的位置和大小误差。在式（5-3）中，前两项表示局部损失。如果单元格 i 中的第 j 个边界框负责检测对象，则 $\mathbb{1}_i^{\text{obj}}$ 为

1；否则 1_i^{obj} 为 0。λ_{coord} 负责增加位于边界框的坐标损失的权重，λ_{coord} 的默认值为 5。

（2）置信度损失表示在边界框中检测到目标时的损失。这是计算公式中第二个损失项，即为置信度损失计算公式中的前一项。其中，$\hat{C}_i$ 是网格单元 i 中的第 j 个边界框的置信度；如果网格单元 i 中的第 j 个边界框检测目标，则 $1_i^{obj}=1$；否则 $1_i^{obj}=0$。

（3）如果没有检测到目标，则使用置信度损失计算公式中的后面一项。与前一项的定义类似，1_i^{noobj} 是 $1_i^{obj}=1$ 的补数；$\hat{C}_i$ 是网格单元 i 中的第 j 个边界框的置信度；λ_{noobj} 负责减少位于边界框的坐标损失的权重。

（4）最后一项表示分类损失。如果一个目标确实被检测到，那么对于每个网格单元，它的分类损失是关于每个类别概率的平方误差。如果网格单元 i 中出现检测目标，则 $1_i^{obj}=1$；否则 $1_i^{obj}=0$；$\hat{p}_i(c)$ 表示网格单元 i 中的 c 类的条件类概率。

（5）最后得到的总的损失是所有这些部分项的总和。深度学习解决方案的目标是最小化这种损失值。

3．YOLO 的网络架构

YOLO 的网络架构设计如图 5-13 所示，构建该网络的灵感来自 GoogLeNet。该网络有 24 个卷积层，然后是 2 个全连接层。与 GoogLeNet 使用的 Inception 模块不同，YOLO 使用的 1×1 还原层，后面跟着 3×3 的卷积层。YOLO 可能会检测关于同一个目标的多个副本，因此 YOLO 使用了非极大性抑制方法删除重复的低置信度边界框。

在图 5-14 中提供了一个包含 13×13($S=13$)网格的图。图中总共有 169 个网格，每个网格可以预测 5 个边界框，因此，总共有 169×5 = 845 个边界框。当使用 30% 或更大阈值时，可以得到如图 5-14 所示的 3 个边界框。

因此，YOLO 只对图像查看一次，的确是一种很聪明的目标检测方法。YOLO 是一种非常快速的实时处理算法，具体参见扩展阅读[5]。YOLO 的特点如下所述(引自拓展阅读[5])。

（1）YOLO 非常简单。

（2）YOLO 的运行速度非常快。因为把目标检测作为一个回归问题，不需要使用复杂的管道。在模型测试的时候，只是简单地在一个新的图像上运行神经网络，实现对图像中目标检测的预测。基本网络运行速度是 45 帧/秒，在 Titan X GPU 上没有进行批处理，快速版本的运行速度可以超过 150 帧/秒。这意味着可以以小于 25ms 的延迟实时处理流媒体视频。此外，YOLO 的平均准确度是其他实时目标检测系统的两倍以上。

（3）YOLO 在做目标检测预测时，会考虑整个图像的信息。这一点与基于滑动窗口和建议区域的技术有着很大的不同，YOLO 在训练和测试期间查看的是整个图像，可以隐式地实现对目标类别及其外观上下文信息的有效编码。

（4）YOLO 学习到的是关于目标的一种泛化表示形式。在使用自然图像进行模型训练，使用人工绘制图像进行测试的场合，YOLO 的模型性能远远优于 DPM 和 R-CNN 等顶级目标检测方法。YOLO 是一种具有高度普适性的模型，在应用于新域或遇到意外输入时不太可能出现故障。

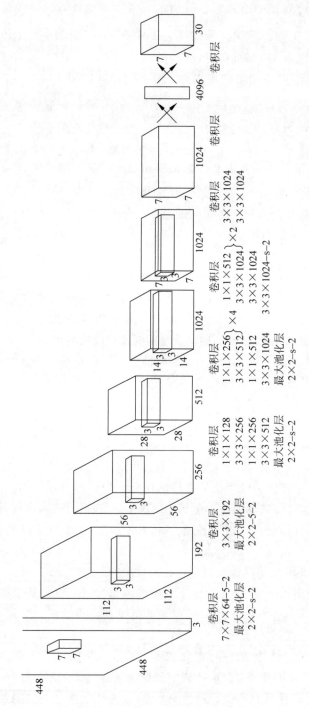

图 5-13　YOLO 网络架构(图片来源：https://arxiv.org/pdf/1506.02640v5.pdf)

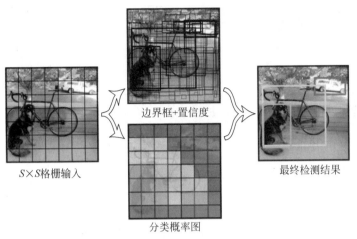

图 5-14　YOLO 算法（图片来源：https://arxiv.org/pdf/1506.02640v5.pdf）

　　YOLO 也会面临一些挑战。它的定位误差比较大。此外,因为每个网格单元只能预测两个边界框,输出只能有一个类别,所以 YOLO 只能预测有限数量的临近对象。YOLO 还存在记忆能力低下的问题。不过,在 YOLO 的下一个版本中 YOLO v2 和 YOLO v3 中,这些问题都得到了很好的解决。有兴趣的读者可以通过官方网站 https://pjreddie.com/darknet/yolo/获得更加深入的相关知识。

　　YOLO 是一种应用最为广泛的目标检测解决方案。它的独特之处在于模型的简单和快速。

5.4.5　单阶段多框检测器

　　到目前为止,已经讨论了 R-CNN、Fast R-CNN、Faster R-CNN 和 YOLO。为了克服网络模型在目标进行实时检测所面临的检测速度慢的问题,C. Szegedy 等在 2016 年 11 月提出了 SSD 网络。

　　SSD 使用第 4 章讨论的 VGG16 架构,在 VGG16 架构上做了一些修改。通过使用 SSD,只需经过单次处理就可以从一幅图像中检测到多个目标。由于 SSD 只使用一个单一的前向传递计算,就可以同时实现对目标的定位和分离,因此它是一种单阶段目标检测方法。基于 RPN 的解决方案（例如 R-CNN、Fast R-CNN 等模型）则需要两个阶段实现对目标的检测,第一个阶段获得建议区域,第二个对每个建议区域进行目标检测。因此,SSD 要比基于 RPN 的方法要快得多。Szegedy 等给 SSD 命名中的多框 multibox,又是什么含义呢？检测器这个单词的意义是显而易见的。

　　如图 5-15 所示,一个带有真值（GT）的原始图像,进行了卷积计算获得 8×8 大小的特征图,并且获得了多个具有不同大小和位置的边界框。所以 SSD 的处理过程就是图像经过一系列的卷积计算,可以获得一个大小为 $m\times n$ 的特征图层,这个特征图层具有 p 个通道。

(a) 带GT框的图像

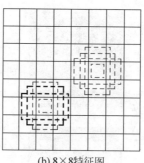

(b) 8×8特征图

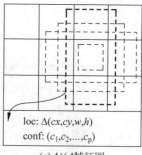

(c) 4×4特征图

图 5-15　SSD 模型的处理过程(图片来源：https://arxiv.org/pdf/1512.02325.pdf)

对于每个位置,可以得到 k 个可能的具有不同大小和长宽比的边界框。对其中的每一个边界框中的计算 c 类得分和相对于原始默认边界框的 4 个偏移量,并最终获得输出$(c+4)\times k\times m\times n$。

SSD 采用平滑 L_1 范数来计算位置损失。它可能没有 L_1 那么精确,但仍然是相当准确的一种计算方法。

作为与 YOLO 模型进行对比的形式,图 5-16 给出了 SSD 模型完整的网络架构。

在 SSD 中,不同层次的特征图通过使用 3×3 卷积层来提高准确度。通过分析前述网络结构,对于目标检测的第一层(conv4_3),它的空间尺寸为 38×38,这是一个相当小的尺寸,使得较小尺寸目标的预测准确度较低。对于同样的 conv4_3,可以使用前述公式进行计算并输出结果。对于 conv4_3,它的输出将是 $38\times 38\times 4\times(c+4)$,其中 c 是要预测的类别的数量。

SSD 使用 L_{conf}(loss - confidence loss)和 L_{ioc}(localization loss)这两个损失函数实现对模型的优化计算。L_{conf} 是关于类别预测的损失,L_{ioc} 表示真值和被预测边界框之间的不匹配程度。这两种损失的数学公式已在前面的文章中给出,关于这些公式的推导超出了本书的范围。

SSD 中还有一些其他重要处理环节。

(1) 通过翻转、裁剪和颜色失真实现对样本数据的增强以提高模型的准确性。对每个训练样本进行如下随机抽样:使用原始图像;使用 IoU 为 0.1、0.3、0.5、0.7 或 0.9 为图像打上补丁;随机地给图像打上一个补丁;将使用的采样补丁宽高比限制在 0.5～2,并且每个采样补丁的大小是原始大小的[0.1,1]倍。然后将每个图像样本调整为固定大小并进行水平翻转。也可以将照片变形处理用于实现图像增强。

(2) SSD 通过非最大抑制方法来消除大量重复的预测边界框。

(3) SSD 会导致预测目标的数目高于实际的目标数目。通常情况下,负样本的数量要比正样本的数量要多,这样导致了样本类别分布数量的不均衡。正如扩展阅读[5]所述：“我们没有使用所有的负样本,而是对每个默认框使用其的置信度损失的最高值进行排序,然后取排在最前面的默认框。这样就使得负样本和正样本的比例最多是 3：1。可以发现,这有助于提升模型优化速度和模型训练过程的稳定性。”

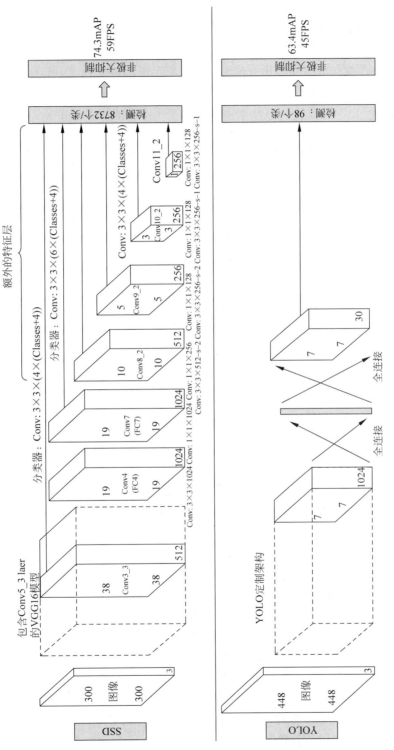

图5-16　YOLO和SSD的比较（图片来源：https://arxiv.org/pdf/1512.02325.pdf）

基于前述网络架构,总结出 SSD 具有如下几个特点。

(1) 对小目标的检测可能是 SSD 面临的一个挑战。为了解决这个问题,可以提高图像的分辨率。

(2) 模型的目标检测准确度与速度成反比;如果想提高检测速度,就需要增加边界框的数量。

(3) SSD 比 R-CNN 具有更高的分类误差,但它的定位误差比较小。

(4) SSD 可以很好地利用尺寸较小的卷积过滤器实现对目标类别的预测,并且可以使用多尺度特征图进行目标检测。这有助于提高模型的准确性。

SSD 的核心是对特征图使用小型卷积过滤器,由此实现对固定数目的默认边界框所属类别的分数预测和框偏移量的预测。

SSD 的准确度还有进一步提升的空间,它混淆了具有相似范畴的对象,而且 SSD 基于 VGG16 架构,需要消耗大量的模型训练时间。尽管如此,SSD 仍然是一个非常好的解决方案,可以很容易地用于端到端模型训练。它的检测速度非常快,可以实时地运行,而且比 Faster R-CNN 性能更好。

至此,已经介绍了用于实现目标检测的深度学习网络结构并讨论了其中的一些主要算法,下面将通过开发实际的 Python 代码来实现这个解决方案。在此之前,还需要了解迁移学习的概念,这是一个创新的解决方案,可以实现专家级别的最先进的算法。

5.5 迁移学习

迁移学习,顾名思义就是将作为学习成果的知识分享或传递给他人。在深度学习领域,研究人员和研究组织会创建新的神经网络架构。他们使用最先进的强大的多码处理器算力,在精心策划和选择的大型数据集上使用最先进的训练算法实现对模型的训练。

对我们来说,创造这样的智能就像是重新发明轮子。因此,使用迁移学习是在使用那些经过数百万数据点训练的网络模型。这就可以使用专业研究人员生成的智能,并且在实际的数据集上实现相同的功能。这个过程被称为迁移学习。

在迁移学习中,使用预先训练好的模型达到目的。预先训练好的模型拥有原始模型的最终权重。使用预训练模型的基本思想是,网络模型的初始层检测的目标的基本特征,随着网络层数的加深,基本特征开始逐渐组合成一些不同程度的形状信息。网络模型提取出来的基本特征可以用于任何类型的图像。所以,如果一个模型被训练用来区分手机,那么它就可以被训练用来区分汽车。

迁移学习的基本流程如图 5-17 所示,网络的第一层被冻结,用于提取边缘、线等低级特征。最后一层可以根据具体业务需要进行定制。

迁移学习比传统的机器学习更加快捷,需要的训练数据更少。第 8 章将讨论关于预训练模型的更多细节。迁移学习通过利用面向其他场合开发的解决方案解决现有的业务问题。本书的后续章节中使用迁移学习方法。

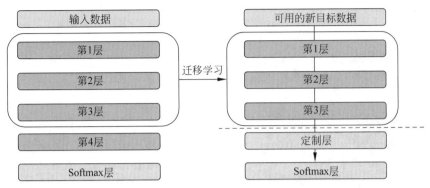

图 5-17 迁移学习使用预先训练好的网络

理论已经介绍完毕,现在开发目标检测解决方案。

5.6 实时的目标检测 Python 实现

我们将使用 YOLO 实现实时的目标检测。如果需要从网上下载网络模型的预训练的权重,可以从本章开头给出的链接中下载代码、权重、标签和预期输出。

(1)导入所有必要的库。

```
import cv2
from imutils.video import VideoStream
import os
import numpy as np
```

(2)从本地路径加载配置。需要加载权重、配置和标签,对一些关于检测的设置进行配置。

```
localPath_labels = "coco.names"
localPath_weights = "yolov3.weights"
localPath_config = "yolov3.cfg"
labels = open(localPath_labels).read().strip().split("\n")
scaling = 0.005
confidence_threshold = 0.5
nms_threshold = 0.005  # Non Maxima Supression Threshold Vlue
model = cv2.dnn.readNetFromDarknet(localPath_config, localPath_weights)
```

(3)开始处理视频。通过对目标模型访问实现对未连接的网络层的配置。

```
cap = VideoStream(src = 0).start()
layers_name = model.getLayerNames()
output_layer = [layers_name[i[0] - 1] for i in model.
getUnconnectedOutLayers()]
```

注意：建议研究模型的组件并打印，以便更好地理解它们。

图 5-18　目标的实时检测

（4）准备执行对目标的检测。这一步是整个解决方案的核心步骤。它检测目标和边界框，并将文本添加到边界框的顶部。从一个 while 循环开始，然后读取边界框。接下来是设置边界框的宽度和高度。然后通过循环方式遍历视频中的每一帧图像。如果获得的置信度高于之前设置的置信度阈值，就可以检测到目标。接下来，对检测到的目标进行标记，并在检测到的边界框上显示出相应的置信度分数。输出结果如图 5-18 所示，能够以 99.79% 的准确率从视频流中实时检测到手机目标。

```python
while True:
frame = cap.read()
(h, w) = frame.shape[:2]
blob = cv2.dnn.blobFromImage(frame, 1/255.0, (416, 416),swapRB = True, crop = False)
model.setInput(blob)
nnoutputs = model.forward(output_layer)
confidence_scores = []
box_dimensions = []
class_ids = []
for output in nnoutputs:
for detection in output:
scores = detection[5:]
class_id = np.argmax(scores)
confidence = scores[class_id]
if confidence > 0.5 :
box = detection[0:4] * np.array([w, h, w, h])
(center_x, center_y, width, height) = box.
astype("int")
x = int(center_x − (width / 2))
y = int(center_y − (height / 2))
box_dimensions.append([x, y, int(width),
int(height)])
confidence_scores.append(float(confidence))
class_ids.append(class_id)
ind = cv2.dnn.NMSBoxes(box_dimensions, confidence_scores,
confidence_threshold, nms_threshold)
for i in ind:
i = i[0]
(x, y, w, h) = (box_dimensions[i][0], box_dimensions[i][1], box_dimensions[i][2], box_
dimensions[i][3])
```

```
cv2.rectangle(frame,(x, y), (x + w, y + h), (0, 255,255), 2)
label = "{}: {:.4f}".format(labels[class_ids[i]],
confidence_scores[i])
cv2.putText(frame, label, (x, y - 5), cv2.FONT_HERSHEY_SIMPLEX, 0.5, (255,0,255), 2)
cv2.imshow("Yolo", frame)
if cv2.waitKey(1) & 0xFF == ord("q"):
break
cv2.destroyAllWindows()
cap.stop()
```

这个解决方案可以识别真实世界中的目标,并且在目标周围创建一个边界框以及名称和置信度评分。可以将这个解决方案应用于多个场合,例如应用于自己定制的数据集,也可以用于检测图像和视频中的目标。

5.7 小结

目标检测是一个非常强大的解决方案,可以应用于很多领域和业务,几乎所有的行业都可以从目标检测技术中受益。目标检测可用于光学字符识别、自动驾驶、对象和人的跟踪、人群监视、安全机制等多个场合。这种计算机视觉技术正在改变实时处理系统能力的面貌。

本章讨论了关于目标检测的网络架构——R-CNN、Fast R-CNN、Faster R-CNN、YOLO 和 SSD。所有这些网络架构都基于深度学习的架构,在架构设计上都比较有创新性,其中有些网络架构的表现在某些方面优于其他的网络架构。一般来说,需要在处理速度和模型准确度之间进行取舍,所以必须根据业务问题仔细地选择适当的网络架构。

本章还讨论了迁移学习。迁移学习是一种崭新的解决方案,它使用已经使用数百万张图像样本训练过的预训练网络。迁移学习能够使研究人员利用强大的处理器产生的智能。它是一种工具,可以使每个人都能使用这些真正的深层网络,并根据需要实现对它们的定制。通过迁移学习方式使用经过预训练的 YOLO 模型,能够实现实时的目标检测。

目标检测可应用在很多实际的解决方案之中,但输入数据集将最终决定解决方案的准确度。因此,如果使用网络模型基于自定义的数据集,请在数据收集阶段进行一些重要工作。

习题

(1) 解释锚盒和非极大性抑制的概念。

(2) 边界框对目标检测的重要性有哪些?

(3) R-CNN、Fast R-CNN 和 Faster R-CNN 有什么不同,有什么改进?

(4) 迁移学习如何改进神经网络解决方案?

(5) 从 www. kaggle 下载 Open Images 2019 数据集。com/ c/openimages-2019 -

object-detection,并使用它创建一个基于 YOLO 的解决方案。

（6）从链接 https://public. roboflow. com/object-detection/chess-full 获取象棋数据集,并使用它根据本章的网络架构实现对棋子的定位。

（7）从链接 https://public. roboflow. com/object-detection/raccoon 获取浣熊数据集,并使用它创建一个目标检测解决方案。

（8）从链接 https://cocodataset. org/♯home 获取 COCO 数据集,并使用这个数据集比较不同目标检测网络架构的性能。

（9）从链接 https://public. roboflow. com/object-detection/vehiclesopenimages 获取数据集 Vehicles-OpenImages 并创建一个目标检测解决方案。

拓展阅读

[1] Cong T, Fe Ng Y, Xing Y, et al. The Object Detection Based on Deep Learning［C］//4th International Conference on Information Science and Control Engineering (ICISCE). IEEE Computer Society, 2017.

[2] Howard A G, Zhu M, Chen B, MobileNets: Efficient Convolutional Neural Networks for Mobile Vision Applications［EB/OL］. https://arxiv. org/pdf/1704. 04861v1。

[3] Sandler M, Howard A, Zhu M, et al. MobileNetV2: Inverted Residuals and Linear Bottlenecks［EB/OL］. https://arxiv. org/abs/1801. 04381v4.

[4] Howard A, Sandler M, Chu G, et al. Searching for MobileNetV3［EB/OL］. https://arxiv. org/pdf/1905. 02244v5.

[5] Redmon J, Divvala S, Girshick R, et al. You Only Look Once: Unified, Real-Time Object Detection［EB/OL］. https://arxiv. org/pdf/1506. 02640v5.

第6章

人脸识别与手势识别

谁才能准确地看到人脸：摄影师、镜子还是画家？

——巴勃罗·毕加索

本章延续了巴勃罗·毕加索的思想。人类通常能够被自己的脸和别人的脸、脸上的微笑等面部表情、不同手势以及其他各种不同类型的表达方式所吸引。手机和相机可以记录下这一切的表达信息。当认出某个朋友时，通常认出的是他的脸——他的面部形状、眼睛和其他面部特征。有趣的是，即使从侧面观察同一张脸，也能认出来他是谁。

另外，即使在很长一段时间之后再看到某张人脸，也能够辨认出他是谁。人类创造了关于面部特征的心理位置，能够很容易地将这些面部特征回忆出来。同时，用手做出的手势也很容易被人识别。深度学习能够帮助计算机重建这种能力。人脸识别的使用具有很高的创新性，可以在安全监控、自动化和客户体验等多个不同的领域得到很好的应用，并且已经实现了很多成功的应用案例。目前，很多关于这个领域的研究工作正在进行中。

本章中将研究下列主题：

- 人脸识别；
- 人脸识别的过程；
- DeepFace 的架构；
- FaceNet 的架构；
- 人脸识别的 Python 实现；
- 使用 OpenCV 进行手势识别。

本章有关代码和数据集已经上传到 GitHub 链接 https://github. com/Apress/computer-vision-using-deep-learning/tree/main/Chapter6 中，建议使用 Jupyter Notebook 代码编辑器。对于本章内容，常用计算机的 CPU 就足以执行全部的代码。但是，如果需要的话，也可以使用 Google Colaboratory。

6.1　人脸识别

人脸识别并不是什么新鲜事。人生来就有辨别和识别人脸的能力，这对人类来说是一项微不足道的任务。我们可以在任何场合认出我们认识的人,即使在不同的灯光、不同的发色以及戴着帽子或太阳镜等不同的场合。甚至,即使某个人上了年纪或留了胡子,我们也能认出他是谁。这真的很神奇!

人脸识别对我们来说是一件如此微不足道和轻而易举的任务,对于机器来说却并不是一件容易的事情。在图 6-1 中,首先有一张关于人脸的图像,然后对这个图像进行人脸检测,最后对检测出来的脸进行识别。

图 6-1　人脸识别

第 5 章重点介绍了目标检测,可以把人脸识别看作一种特殊的目标检测。这里不是寻找汽车或者猫,而是识别人,则目的更加简单,只是检测一种类型的目标——"人脸"。然而,人脸检测并不是要完成任务的最终目标,还需要把某人的名字与检测到的脸联系起来,这就不是一件小事了。由于人脸目标可以处在不同的背景之下,而且以任意的角度出现,因此,让机器进行自动的人脸识别并不是一项容易的事情。此外,可能还会在照片或视频中发现人脸。深度学习算法有助于开发这种机器的人脸识别能力。基于深度学习的算法可以利用强大的计算能力、先进的数学工具和数以百万计的数据点或人脸样本训练更好的人脸识别模型。

在深入讨论人脸识别的概念和实现之前,先看一些相关的应用案例。

6.1.1　人脸识别的应用

人脸识别是一项非常令人兴奋的技术,可以应用在多个不同的领域。下面给出人脸识别的一些重要应用场景。

(1) 安全管理:人脸识别解决方案适用于线上和线下安全系统。安全部门、警察部门和情报部门可以使用基于机器学习的人脸识别技术实现对犯罪分子的追踪,可以更快、更有效地进行护照验证。许多国家确实有一个关于罪犯照片的图像数据库,可以将这种数据库作为罪犯追踪的起点。这项技术确实节省了大量的时间和精力,使得调查人员可以将精力集中在其他领域。

(2) 身份验证是人脸识别技术另一个比较大的应用领域。最著名的一个身份验证应用案例就是智能手机,iPhone 将面部识别用于手机解锁。线上渠道和社交媒体正在使用面部识别来检查试图访问该账户的客户身份。

（3）零售商可以使用人脸识别系统发现何时有前科的人进入了店铺。当小偷、罪犯或诈骗犯进入商店时，他们可能会对店铺构成威胁。零售商可以识别出这些人，并且可以立即采取行动，防止犯罪行为的发生。

（4）如果企业知道了客户的年龄、性别和面部表情等信息，营销就会变得更具有针对性。可以安装巨大的屏幕（事实上已经这样做了）来识别目标受众。

通过分析消费者与产品之间的交互作用，可以提高消费者的体验。通过捕捉和分析人们接触或尝试产品时的表情信息，就可以获得消费者与产品之间真实的互动。这些数据信息就像是一座金矿，可以帮助产品研发团队对产品特性进行一些必要的修改和完善。同时，可以帮助运营团队和店内营销让客户购物的整体体验更加愉快和有趣。

可以让合法人员自动经过通往办公室、机场、建筑物、仓库和停车场的通道，而无须人工干预。可以使用保安摄像头自动拍下照片并与数据库图片进行比对，以确保通过人员身份的真实性和合法性。

上述关于人脸识别的应用案例只是众多应用中很小的一部分。这些关于人脸识别的解决方案可以广泛用于人脸授权、人脸验证或人脸辨认等场景。许多国家和组织正在建立关于雇员/个人的庞大数据库，并进行投资建设以进一步提高人脸识别技能。

6.1.2　人脸识别的过程

手机和相机上会存储大量的照片，这些照片通常是在结婚、毕业、旅行、度假、会议等各种场合拍摄获得的。当把这些照片上传到社交媒体上的时候，系统就会自动地检测出人脸并进行识别。在系统的后台，正是有着一种特殊的算法在发挥着这样的魔力。这种算法不仅能够自动从图片中检测出人脸，还能够从背景中区别其他人脸而认出这张脸，并给出这张脸的人名。如图 6-2 所示，可将人脸识别过程大致分为 4 个基本步骤：从图像中检测出人脸，对人脸图像进行校正，对人脸图像做特征提取，最后是对人脸图像做人脸识别。

图 6-2　人脸检测的基本过程——从检测到识别

人脸检测仅仅是指在某张照片中实现对一张脸或者多张脸的定位，此时会在人脸区域周围创建一个边界框。可以回想一下，在第 1 章中使用 OpenCV 做了同样的事情，如图 6-1 所示，在照片中检测到一个人脸目标。

从图像中检测到人脸目标之后，就可以将人脸目标诸如尺寸和几何形状等属性进行归一化处理。这样做的目的是和人脸信息数据库相匹配。通常还需要使用减少光照、头部运动等。接下来，将从人脸图像中提取面部特征，诸如眼睛、眉毛、鼻孔、嘴角之类的信息都是一些比较明显的面部特征。然后对人脸图像进行识别。具体地说，就是把这张待识别的人脸图像和数据库中现有的人脸图像进行比对或匹配，需要解决的是下面两个问题中的一个。

（1）对某个人脸图像进行身份验证。简单地说，就是想知道"这是 X 先生吗？"这是一种一对一的关系。

（2）想知道"这家伙是谁"，这种情况就是一种一对多的关系。

因此，人脸识别问题看起来就像是一个基于监督学习的分类问题。

在第 1 章中，曾经使用 OpenCV 创建了一个关于人脸自动检测的解决方案。当时，只是简单地判定图像中是否有一张脸出现。人脸识别要完成的工作的就是要给这张脸确定一个名字。必须注意的是，如果没有具体的人脸检测算法，关于人脸识别的尝试将会是一件徒劳的工作。毕竟，首先应该知道图像中是否存在一张脸，然后才能给图像中存在的那张脸确定一个名字。换句话说，首先进行人脸检测，然后再给检测到的人脸分配名称。如果图像中的人脸不止一个，那就需要为检测到的每个人脸分别指定名字。

这就是人脸识别的整个过程，下面介绍相应的深度学习解决方案。

6.2　人脸识别的深度学习模式

可以将深度学习用于解决人脸识别问题。回想一下前几章的内容就可以发现，人脸识别与其他的图像分类解决方案非常类似。然而，人脸及其特征属性的特殊性又使得人脸识别和检测成为一项非常特殊的技术。我们可以使用标准的卷积神经网络解决人脸识别问题。网络层的行为和数据处理方式与其他的图像分类问题非常类似。

目前有很多可用的关于人脸识别的解决方案，其中最著名的是深度学习算法 DeepFace、VGGFace、DeepID 和 FaceNet。本章将深入学习 DeepFace 和 FaceNet，并使用它们创建 Python 解决方案。

6.2.1　Facebook 的 DeepFace 解决方案

DeepFace 是由 Facebook AI Research(FAIR)的研究人员于 2014 年提出的，图 6-3 给出了 DeepFace 的完整架构。在整流输入后是单个卷积-池化-卷积的前端，随后是 3 个局部连接层和两个全连接层。使用颜色表示在每一层生成的特征图。该网络包含超过 1.2 亿个参数，其中 95% 以上来自局部连接层和全连接层。

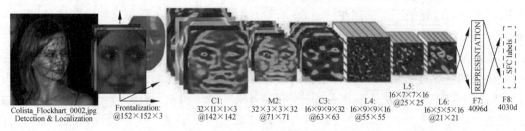

图 6-3　DeepFace 的完整架构

（来源：https://www.cs.toronto.edu/~ranzato/publications/taigman_cvpr14.pdf）

通过上述体系架构,可以分析网络模型中的各个层次和相应的信息处理过程。DeepFace 要求输入图像为 3D 对齐的 152×152 分辨率的 RGB 图像。对齐的目的是要从输入图像中生成一个正面图像,完整的过程如图 6-4 所示。

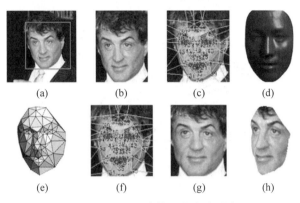

图 6-4　在 DeepFace 中使用的人脸对齐过程

(来源:https://www.cs.toronto.edu/~ranzato/publications/taigman_cvpr14.pdf)

在第一步中,使用 6 个基准点检测人脸。这 6 个基准点是两只眼睛、鼻尖和嘴唇上的 3 个点。图 6-4(a)给出了具有 6 个初始基准点的被检测人脸。

在第二步中,从原始图像中裁剪并生成 2D 人脸。图 6-4(b)为获得的二维校准效果,这一步需要重点关注脸部是如何从原始图像中裁剪出来的。

在接下来的步骤中,需要在脸部轮廓上添加三角形网格以避免产生不连续的情况。图 6-4(c)对二维校准结果使用 67 个基准点进行狄洛尼三角剖分,并在等高线上添加三角形以避免出现不连续的情况。使用一个可以将 2D 升维到 3D 的生成器生成一个 3D 人脸模型,并绘制出相应的 67 个基准点。这个模型允许进行平面外的旋转调整,图 6-4(d)给出了二维校准的平面图像转化为三维形状模型的效果。图 6-4(e)展示了相对于拟合的 2D-3D 摄像机的可见性,给出了 3D-2D 摄像机的三角形能见度;较深的三角形相对不显眼。在图 6-4(f)中可以观察到由 3D 模型导出的用于指导分段仿射变换的 67 个基准点,这些基准点可以用于指导分段仿射包裹。最后,进行一次正面剪裁,实现三维正面化脸部目标的最后一步,图 6-4(g)是最后的正面效果,图 6-4(h)是由 3D 模型生成的新视图。

现在简单讨论一下狄洛尼三角剖分。对于平面上给定的离散点集 P,在三角剖分 DT 中,没有任何一个点位于任何三角形外接圆的内部。因此,它使三角剖分中所有三角形的最小角度最大化,如图 6-5 所示。

一旦完成了 3D 人脸目标的正面化步骤,就可以在下一个步骤中将图像输入到网络中。输入图像的大小为 152×152,它被馈送到网络的下一层。

(1) 首先是卷积层(C1),包含 32 个尺寸为 $11 \times 11 \times 3$ 的过滤器。

(2) 接下来是 3×3 的最大池化层,步长为 2。

(3) 下一层是另一个包含 16 个过滤器的卷积层,大小为 $9 \times 9 \times 16$。

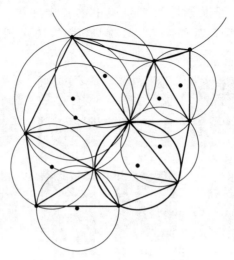

图 6-5　狄洛尼三角剖分

（来源：https://commons.wikimedia.org/w/index.php? curid=18929097）

（4）接下来是 3 个局部连接的网络层。这些局部连接层与全连接层有不同。局部连接层的行为与全连接层不同。对于一个全连接层，第一层的每个神经元都与下一层相连。对于局部连接层，则在不同的特征图中有着不同类型的过滤器。例如，当对图像进行分类时，如果图像是一张脸，就可以只在图像底部搜索嘴巴。因此，如果知道某个特征应该被限制在某个较小的空间之内，并且不需要在整个图像中搜索该特征，那么使用局部连接层就很方便。在 DeepFace 中有局部连接层，可以根据不同类型的特征图区分面部区域，因此可以实现对模型的改进。

（5）倒数第二层是全连接层，用于人脸表示。

（6）最后一层是 Softmax 全连接层用于完成对人脸类别的分类。

网络模型的参数总数为 1.2 亿，对最后的全连接层使用 Dropout 正则化技术，并将特征值进行归一化处理，将其取值范围限定在 0 和 1 之间，此处使用的是 L2 归一化方法。在训练过程中，网络模型生成了相当稀疏的特征映射，这主要是因为使用 ReLU 作为激活函数。

在 LFW（Wild 中的 Labeled Faces）数据集和 SFC 数据集上对网络模型的识别效果进行验证，两组数据的 ROC 曲线如图 6-6 所示。LFW 包含了 5700 多名名人的 13000 多张网络图片。SFC 是 Facebook 提供的数据集，包含 4030 人的 440 万张图像，每张图像有 800～1200 张面部图像。

DeepFace 是一种新型的人脸识别模型。该方法在 LFW 数据集上具有 99.5% 以上的准确率。它能够解决与姿势、表情，或光强度背景有关的问题。3D 对齐是一种非常独特的方法，它进一步提高了人脸识别准确度。这种网络体系结构在 LFW 和 YTF（YouTube Faces）数据集上的表现非常好。

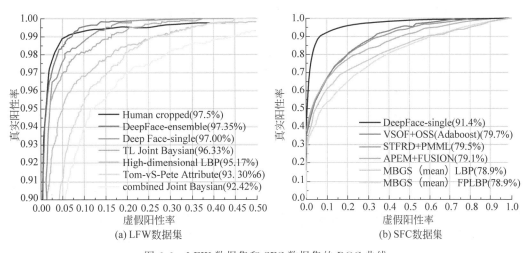

图 6-6　LFW 数据集和 SFC 数据集的 ROC 曲线

（来源：https://www.cs.toronto.edu/~ranzato/publications/taigman_cvpr14.pdf）

6.2.2　FaceNet 的人脸识别

Google 研究人员 Florian Schroff、Dmitry Kalenichenko 和 James Philbin 于 2015 年提出 FaceNet。FaceNet 并不推荐使用一套全新的算法或复杂的数学计算来完成人脸识别任务。

FaceNet 使用的概念相当简单。首先将所有的人脸图像在欧几里得空间中进行表示。然后，通过计算人脸之间的距离的方式获得人脸之间的相似度。请考虑这个问题，如果有一张 X 先生的图像 Image1，那么关于 X 先生的所有图像或人脸都将更接近 Image1 而不是 Y 先生的 Image2。基本概念如图 6-7 所示，爱因斯坦的图像会彼此相似，因此它们之间的距离会更小，而它们与甘地的图像之间会有一段距离。

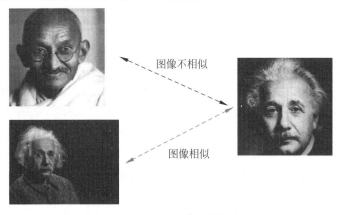

图 6-7　FaceNet 使用的概念

概念是比较容易理解的,现在详细介绍相应的网络架构,如图 6-8 所示。网络从图像的批处理输入层开始,接着是 CNN 的深层架构。该网络采用了类似于 ZFNet 或 Inception 的网络架构。我们将在第 7 章讨论 Inception 网络。

批量样本

图 6-8　FaceNet 架构(来源:ttps://arxiv.org/abs/1503.03832)

FaceNet 实现 1×1 卷积以减少参数的数量。这些深度学习模型输出是图像的嵌入表示,使用 L2 归一化方法对这些输出进行归一化处理。这些嵌入表示是一种相当有用的副产品。FaceNet 从人脸图像中理解各自的映射,然后创建图像的嵌入表示。

成功完成对图像的嵌入表示,在新创建的嵌入表示作为特征向量的帮助下,就可以使用任何标准的机器学习技术。图像嵌入表示的使用是 FaceNet 和其他方法的主要区别,因为其他解决方案通常都需要实现关于面部特征验证的定制层。

然后,使用由输入图像创建的嵌入表示计算模型的损失。如前所述,图像是在欧几里得空间中表示的。损失函数的目的是使相似的两个图像在嵌入空间中的平方距离尽可能地小,并且不同图像之间的平方距离尽可能地大。换句话说,各个图像的嵌入表示之间的平方距离的大小决定着人脸图像之间的相似性。

在 FaceNet 中使用了一个非常重要的概念——三重损失函数,三重损失如图 6-9 所示。三重损失使得锚和正类之间的距离最小化,两者具有相同的身份,并使得锚和不同身份的负类之间的距离最大化。

图 6-9　在 FaceNet 中使用的三重损失(来源:https://arxiv.org/abs/1503.03832)

开始讨论 FaceNet 时,就在图 6-8 中讨论过三重损失的工作原理。一般来说,希望关于 X 先生的同一个人的图像彼此更接近,把这个 Image1 称为锚图像。将所有关于 X 先生的其他图像都称为正图像,所有关于 Y 先生的图像都称为负图像。对于三重损失函数设计,希望在嵌入空间中,锚图像与正图像的距离要小于锚图像到负图像的距离,所以有:

$$\| x_i^a - x_i^p \|_2^2 + \alpha < \| x_i^a - x_i^n \|_2^2, \quad \forall (x_i^a, x_i^p, x_i^n) \in \tau. (1) \tag{6-1}$$

其中,x_i^a 表示锚图像;x_i^p 表示正图像;x_i^n 表示负图像;α 是正负对之间的差额,需要设置一个阈值,表示这对图像之间的差异;T 是训练集中所有可能的三重组合的集合,其基数为 N。

从数学上看,尽可能地减少损失函数的值,可将三重损失函数计算公式表示:

$$\sum_i^N \left[\| f(x_i^a) - f(x_i^p) \|_2^2 - \| f(x_i^a) - f(x_i^n) \|_2^2 + \alpha \right]_+ . (2) \tag{6-2}$$

其中，$f(x)$ 为图像的嵌入表示，$f(x)$ 将图像 x 嵌入到 d 维欧氏空间中。$f(x_i)$ 是将图像 x_i 嵌入表示成一个为大小为 128 的向量形式。

解决方法依赖于图像对的选择，一定存在确保网络可以通过的图像对，即它们将满足损失的条件。这些图像对可能不会增加太多的学习过程，但可能导致缓慢收敛。

为了得到更好的识别结果和更快的收敛速度，应该选择违背式(6-1)所给出约束条件的三重损失。

从数学上看，对于一个锚点图像 x_i^a，想要选择一个正图像 x_i^p 使相似度最大，选择一个负图像 x_i^n 使相似度最小。换句话说，希望有 $\mathrm{argmax}\ \|f(x_i^a)-f(x_i^p)\|_2^2$，这就意味着给定一个锚点，希望找到一个正图像 x_i^p，使得它们之间的距离最大。

同样，对于给定的锚点图像 x_i^a，希望找到一个负图像 x_i^n，使得它们之间距离最小，即

$$\mathrm{argmin}\ \|f(x_i^a)-f(x_i^n)\|_2^2$$

在模型训练期间，确保正图像和负图像的选择是根据之前给出的最小和最大函数的小批量样本进行的。使用 Adagrad 的随机梯度下降(SGD)训练如表 6-1 和表 6-2 所示的两个网络(ZF-Net 和 Inception)。ZF-Net 包含 1.4 亿个参数，Inception 包含 750 万个参数。

表 6-1　ZF-Net 网络(来源：ttps://arxiv.org/abs/1503.03832)

层	尺寸	sizedlt	内核	总数	FLPS
conv1	$220\times220\times3$	$110\times110\times64$	$7\times7\times3,2$	9×10^3	1.15×10^8
pooll	$110\times110\times64$	$55\times55\times64$	$3\times3\times64,2$	0	
rnorm1	$55\times55\times64$	$55\times55\times64$		0	
conv2a	$55\times55\times64$	$55\times55\times64$	$1\times1\times64,1$	4×10^3	1.3×10^7
conv2	$55\times55\times64$	$55\times55\times192$	$3\times3\times64,1$	1.11×10^5	3.35×10
morm2	$55\times55\times192$	$55\times55\times192$		0	
pool2	$55\times55\times192$	$28\times28\times192$	$3\times3\times192,2$	0	
conv3a	$28\times28\times192$	$28\times28\times192$	$1\times1\times192,1$	3.7×10^4	2.9×10^7
conv3	$28\times28\times192$	$28\times28\times384$	$3\times3\times192,1$	6.64×10^5	5.21×10^8
pool3	$28\times28\times384$	$14\times14\times384$	$3\times3\times384,2$	0	
conv4a	$14\times14\times384$	$14\times14\times384$	$1\times1\times384,1$	1.48×10^5	2.9×10^7
conv4	$14\times14\times384$	$14\times14\times256$	$3\times3\times384,1$	8.85×10^5	1.73×10^8
conv5a	$14\times14\times256$	$14\times14\times256$	$1\times1\times256,1$	6.6×10^4	1.3×10^7
conv5	$14\times14\times256$	$14\times14\times256$	$3\times3\times256,1$	5.9×10^5	1.16×10^8
conv6a	$14\times14\times256$	$14\times14\times256$	$1\times1\times256,1$	6.6×10^4	1.3×10^7
conv6	$14\times14\times256$	$14\times14\times256$	$3\times3\times256,1$	5.9×10^5	1.16×10^8
pool4	$14\times14\times256$	$7\times7\times256$	$3\times3\times256,2$	0	
concat	$7\times7\times256$	$7\times7\times256$		0	
fc1	$7\times7\times256$	$1\times32\times128$	$ma\times out\ p=2$	1.03×10^8	1.03×10^8
fc2	$1\times32\times128$	$1\times32\times128$	$ma\times out\ P=2$	3.4×10^7	3.4×10^7
fc7128	$1\times32\times128$	$1\times1\times128$		5.24×10^5	5×10^5
L2	$1\times1\times128$	$1\times1\times128$		0	
总数				1.4×10^8	1.6×10^9

表 6-2 Inception 网络（来源：ttps://arxiv.org/abs/1503.03832）

类型	输出尺寸	深度	#1×1	#3×3减少	#3×3	#5×5减少	#5×5	pool proj(p)	参数	FLOPS
conv1(7×7×3,2)	112×112×64	1							$9×10^3$	$1.19×10^8$
maxpool+Dorm	56×56×64	0						m3×3,2		
incepdon(2)	56×56×192	2		64	192				$1.15×10^5$	$3.6×10^8$
norm+max pool	28×28×192	0						m3×3,2		
inceptian 3a)	28×28×256	2	64	96	128	16	32	m,32p	$1.64×10^5$	$1.28×10^8$
inception 3b)	28×28×320	2	64	96	128	32	64	$L_2.64p$	$2.28×10^5$	$1.79×10^8$
inception 3c)	14×14×640	2	0	128	256.2	32	64.2	m3×3,2	$3.98×10^5$	$1.08×10^8$
inception (4a)	14×14×640	2	256	96	192	32	64	$L_2 128p$	$5.45×10^5$	$1.07×10^8$
inception (4b)	14×14×640	2	224	112	224	32	64	$L_2,128p$	$5.95×10^5$	$1.17×10^8$
inception(4c)	14×14×640	2	192	128	256	32	64	$L_2.128p$	$6.54×10^5$	$1.28×10^8$
inception(4d)	14×14×640	2	160	144	288	32	64	$L_2,128p$	$7.22×10^5$	$1.42×10^8$
inception (4e)	7×7×1024	2	0	160	256.2	64	128.2	m3×3.2	$7.17×10^5$	$5.6×10^7$
ince ption (5a)	7×7×1024	2	384	192	384	48	128	$L_2,128p$	$1.6×10^6$	$7.8×10^7$
inception (5b)	7×7×1024	2	384	192	384	48	128	m,128p	$1.6×10^6$	$7.8×10^7$
avg pool	1×1×1024	0								
fully conn	1×1×128	1							$1.31×10^5$	$1×10^5$
L2 normalization	1×1×128	0								
总数									$7.5×10^6$	$1.6×10^9$

该模型在前 100 帧图像时的准确率为 95.12%，标准差为 0.39。

在 LFW 数据集上，引用拓展阅读[5]给出的结果：

“我们的模型有两种评估模式：固定中心裁剪的 LFW 提供的缩略图；在提供的 LFW 缩略图上运行专有的面部检测器（类似于 Picasa[3]）。如果它未能对齐面（这发生在两个图像），则使用 LFW 进行对齐。

当固定中心裁剪时，实现了 98.87%±0.15 的分类精度，当使用额外的面对齐时，达到了创纪录的 99.63%±0.09 的平均标准误差。”

FaceNet 是一种新颖的解决方案，因为它直接学习嵌入到欧几里得空间中的特征进行人脸验证。该模型具有足够的鲁棒性，通常不受姿势、光照、遮挡或年龄因素的影响。

下面使用 Python 实现 FaceNet 人脸识别模型。

6.3 FaceNet 的 Python 实现

本节中代码的含义不言自明，使用预先训练好的 FaceNet 模型及其权重，并通过计算欧几里得距离衡量两个人脸图像之间的相似性。这里使用的 Sefik Ilkin Serengil 可以在 https://drive.google.com/file/d/1971Xk5RwedbudGgTIrGAL4F7Aifu7id1/view 提供的公开可用的 facenet_weights 中获取。模型由 Tensorflow 转换为 Keras。基本模型可以在

https://github.com/davidsandberg/facenet 上找到。

(1) 加载程序库。

```
from keras.models import model_from_json
from inception_resnet_v1 import *
import numpy as np
from keras.models import Sequential
from keras.models import load_model
from keras.models import model_from_json
from keras.layers.core import Dense, Activation
from keras.utils import np_utils
from keras.preprocessing.image import load_img, save_img, img_
to_array
from keras.applications.imagenet_utils import preprocess_input
import matplotlib.pyplot as plt
from keras.preprocessing import image
```

(2) 加载模型。

```
face_model = InceptionResNetV1()
face_model.load_weights('facenet_weights.h5')
```

(3) 定义 3 个函数,分别负责实现对数据集进行归一化处理、计算欧氏距离以及对数据集进行预处理的功能。

```
def normalize(x):
return x / np.sqrt(np.sum(np.multiply(x, x)))
def getEuclideanDistance(source, validate):
euclidean_dist = source - validate
euclidean_dist = np.sum(np.multiply(euclidean_dist,
euclidean_dist))
euclidean_dist = np.sqrt(euclidean_dist)
return euclidean_dist
def preprocess_data(image_path):
image = load_img(image_path, target_size = (160, 160))
image = img_to_array(image)
image = np.expand_dims(image, axis = 0)
image = preprocess_input(image)
return image
```

(4) 计算两幅图像之间的相似度。这里使用了两张关于从网上获取的著名板球明星 Sachin Tendulkar 的照片。计算得到欧几里得距离相似性为 0.70,也可以使用余弦相似度来度量两个图像之间的相似度。

```
img1_representation = normalize(face_model.predict(preprocess_
data('image_1.jpeg'))[0,:])
img2_representation = normalize(face_model.predict(preprocess_
```

```
data('image_2.jpeg'))[0,:])
euclidean_distance = getEuclideanDistance(img1_representation,
img2_representation)
```

在 6.5 节中,将使用 OpenCV 实现一个手势识别解决方案。

6.4 手势识别 Python 解决方案

手势识别是帮助人类与系统进行对话的最具创新性的一种解决方案。手势识别是指系统可以捕捉到手或脸的手势,并采取相应的动作,主要由目标检测、目标跟踪和动作识别等几个关键部分组成。

(1) 在目标检测中,手或手指或身体的视觉目标被提取出来。视觉目标应该处于相机的视野范围之内。

(2) 实现对视觉目标的更正,以确保可以逐帧捕获和分析关于目标数据。

(3) 实现对一个或一组手势的动作识别。基于所做的算法设置和所使用的训练数据,系统将能够识别出所做手势的类型。

手势识别是一种开创性的解决方案,可用于自动化、医疗设备、增强现实、虚拟现实、游戏等多个领域。目前已经有很多的实际应用案例,大量的相关研究正在进行当中。

这里将使用 OpenCV 实现一个关于手指计数解决方案。关于该解决方案的视频,可以登录 www. linkedin. com/posts/vaibhavverdhan _ counting-number-of-fingers-activity-6409176532576722944-Ln-R/获取。

(1) 导入所有程序库。

```
# import all the necessary libraries
import cv2
import imutils
import numpy as np
from sklearn.metrics import pairwise
# global variables
bg = None
```

(2) 编写函数查找关于背景的运行平均值。

```
# ----------------------------------------------------------
def run_avg(image, accumWeight):
global bg
# initialize the background
if bg is None:
bg = image.copy().astype("float")
return
# compute weighted average, accumulate it and update the
background
cv2.accumulateWeighted(image, bg, accumWeight)
```

（3）图像分割函数开始分割图像中的手部区域。

```python
def segment(image, threshold = 25):
global bg
# find the absolute difference between background and
current frame
diff = cv2.absdiff(bg.astype("uint8"), image)
# threshold the diff image so that we get the foreground
thresholded = cv2.threshold(diff, threshold, 255, cv2.
THRESH_BINARY)[1]
# get the contours in the thresholded image
(_, cnts, _) = cv2.findContours(thresholded.copy(), cv2.
RETR_EXTERNAL, cv2.CHAIN_APPROX_SIMPLE)
# return None, if no contours detected
if len(cnts) == 0:
return
else:
# based on contour area, get the maximum contour which
is the hand
segmented = max(cnts, key = cv2.contourArea)
return (thresholded, segmented)
```

（4）计算手指数量。

```python
from sklearn.metrics import pairwise
def count(thresholded, segmented):
# find the convex hull of the segmented hand region
chull = cv2.convexHull(segmented)
# find the most extreme points in the convex hull
extreme_top = tuple(chull[chull[:, :, 1].argmin()][0])
extreme_bottom = tuple(chull[chull[:, :, 1].argmax()][0])
extreme_left = tuple(chull[chull[:, :, 0].argmin()][0])
extreme_right = tuple(chull[chull[:, :, 0].argmax()][0])
# find the center of the palm
cX = int((extreme_left[0] + extreme_right[0]) / 2)
cY = int((extreme_top[1] + extreme_bottom[1]) / 2)
# find the maximum euclidean distance between the center
of the palm
# and the most extreme points of the convex hull
distance = pairwise.euclidean_distances([(cX, cY)],
Y = [extreme_left, extreme_right, extreme_top, extreme_
bottom])[0]
maximum_distance = distance[distance.argmax()]
# calculate the radius of the circle with 80 % of the max
euclidean distance obtained
radius = int(0.8 * maximum_distance)
# find the circumference of the circle
```

```
circumference = (2 * np.pi * radius)
# take out the circular region of interest which has
# the palm and the fingers
circular_roi = np.zeros(thresholded.shape[:2],dtype = "uint8")
# draw the circular ROI
cv2.circle(circular_roi, (cX, cY), radius, 255, 1)
# take bit - wise AND between thresholded hand using the circular ROI as the mask
# which gives the cuts obtained using mask on the thresholded hand image
circular_roi = cv2.bitwise_and(thresholded, thresholded,mask = circular_roi)
# compute the contours in the circular ROI
(_, cnts, _) = cv2.findContours(circular_roi.copy(), cv2.RETR_EXTERNAL, cv2.CHAIN_APPROX_
NONE)
# initalize the finger count
count = 0
# loop through the contours found
for c in cnts:
# compute the bounding box of the contour
(x, y, w, h) = cv2.boundingRect(c)
# increment the count of fingers only if -
# 1. The contour region is not the wrist (bottom area)
# 2. The number of points along the contour does not exceed
# 20 % of the circumference of the circular ROI
if ((cY + (cY * 0.20)) > (y + h)) and ((circumference * 0.20) > c.shape[0]):
count += 1
return count
```

（5）主函数。

```
# ------------------------------------------------------------
# Main function
# ------------------------------------------------------------
if __name__ == "__main__":
# initialize accumulated weight
accumWeight = 0.5
# get the reference to the webcam
camera = cv2.VideoCapture(0)
# region of interest (ROI) coordinates
top, right, bottom, left = 20, 450, 325, 690
# initialize num of frames
num_frames = 0
# calibration indicator
calibrated = False
# keep looping, until interrupted
while(True):
# get the current frame
(grabbed, frame) = camera.read()
```

```python
# resize the frame
frame = imutils.resize(frame, width = 700)
# flip the frame so that it is not the mirror view
frame = cv2.flip(frame, 1)
# clone the frame
clone = frame.copy()
# get the height and width of the frame
(height, width) = frame.shape[:2]
# get the ROI
roi = frame[top:bottom, right:left]
# convert the roi to grayscale and blur it
gray = cv2.cvtColor(roi, cv2.COLOR_BGR2GRAY)
gray = cv2.GaussianBlur(gray, (7, 7), 0)
# to get the background, keep looking till a threshold is reached
# so that our weighted average model gets calibrated
if num_frames < 30:
run_avg(gray, accumWeight)
if num_frames == 1:
print ("Calibration is in progress...")
elif num_frames == 29:
print ("Calibration is successful...")
else:
# segment the hand region
hand = segment(gray)
# check whether hand region is segmented if hand is not None:
# if yes, unpack the thresholded image and segmented region
(thresholded, segmented) = hand
# draw the segmented region and display the frame
cv2.drawContours(clone, [segmented + (right,top)], -1, (0, 0, 255))
# count the number of fingers
fingers = count(thresholded, segmented)
cv2.putText(clone, str(fingers), (70, 45), cv2.FONT_HERSHEY_SIMPLEX, 1, (0,0,255), 2)
# show the thresholded image
cv2.imshow("Thesholded", thresholded)
# draw the segmented hand
cv2.rectangle(clone, (left, top), (right, bottom),(0,255,0), 2)
# increment the number of frames
num_frames += 1
# display the frame with segmented hand
cv2.imshow("Video Feed", clone)
# observe the keypress by the user
keypress = cv2.waitKey(1) & 0xFF
# if the user pressed "q", then stop looping
if keypress == ord("q"):
break
```

(6) 释放内存。

```
# free up memory
camera.release()
cv2.destroyAllWindows()
```

此代码的输出将是一个实时视频,一些屏幕截图如图 6-10 所示。

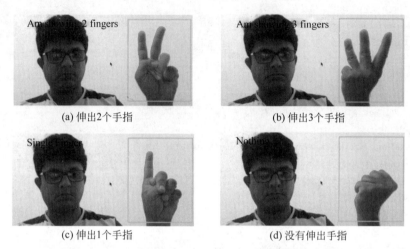

(a) 伸出2个手指   (b) 伸出3个手指

(c) 伸出1个手指   (d) 没有伸出手指

图 6-10   手势识别过程截图

6.5 小结

人脸检测与识别是一个非常有趣的领域。面部特征是一种非常独特的特征,人脸识别这种对人类来说很容易的能力,却很难教给机器。检测人脸有很多用途,可以将检测人脸和人脸识别应用于很多不同的领域,对于这些应用的理解也非常直观。深度学习正在帮助我们实现这一目标,条道路还很漫长,我们必须在这段旅程中做出很大的改进。在更好的机器和更复杂算法的帮助下,还可以将人脸识别和手势识别的应用领域做进一步的扩展,年龄检测、性别检测和情绪检测目前已经成为一些研究组织或研究机构正在研发的技术。

在进行人脸识别时,获取的面部数据集必须是干净的、有代表性的、完整的。如果图像中存在大量的背景噪声、图像信息模糊或者有任何其他方面的缺陷,那么对网络模型的训练就会变得非常困难。

本章研究了人脸识别方法和深度学习架构,讨论了 DeepFace 和 FaceNet,并使用经过预训练的网络模型创建了一个 Python 解决方案,还使用 OpenCV 创建了一个手势识别解决方案。第 7 章讨论计算机视觉的另一个有趣的领域——视频分析,同时还研究先进算法:ResNet 和 Inception 网络。

习题

（1）在人脸识别系统中有哪些不同的过程？

（2）人脸对齐的概念是什么？

（3）三重损失的概念是什么？

（4）有哪些关于手势识别的用例？

（5）从 www.kaggle.com/kpvisionlab/tufts-face-database 下载 Tufts 数据集，并开发一个人脸识别系统。

（6）从 https://research.google/tools/datasets/google-facial-expression/下载 Google 面部表情对比数据集，并开发一个面部表情分析系统。

（7）从 http://vis-www.cs.umass.edu/lfw/下载 Wild 数据集中的 Labeled Faces，并使用 FaceNet 和 DeepFace 创建面部身份验证解决方案。

（8）从 www.kaggle.com/selfishgene/youtube-faceswith-facial-keypoints 下载带有面部关键点的 YouTube Faces 数据集，并使用它在不受限制的视频中识别人脸。如果需要的话，可以在第 7 章学习视频分析的相关概念。

拓展阅读

[1] Zhang S，Wang X，Liu A，et al. A Dataset and Benchmark for Large-scale Multi-modal Face Anti-spoofing[EB/OL]. https://arxiv.org/pdf/1812.00408v3.pdf.

[2] Shi Y，Jain A K，Kalka N D. Probabilistic Face Embeddings[EB/OL]. https://arxiv.org/pdf/1904.09658.pdf.

[3] Cao Q，Shen L，Xie W，et al. VGGFace2：A dataset for recognising faces across pose and age[EB/OL]. https://arxiv.org/pdf/1710.08092v2.pdf.

[4] Wang F，Chen L，Li C，et al. The Devil of Face Recognition is in the Noise[EB/OL]. https://arxiv.org/pdf/1807.11649v1.pdf.

[5] Schroff F，Kalenichenko D，Philbin J. FaceNet：A Unified Embedding for Face Recognition and Clustering[EB/OL]. https://arxiv.org/abs/1503.03832.

第 7 章

基于深度学习的视频分析

一分钟视频的价值胜于千言万语。

——James McQuivey 博士

视频是一种非常强大的媒体。每分钟大约会有时长超过 300 小时的视频上传到 YouTube。人们制作的视频数量每天都在增加。随着智能手机的出现和硬件的改进,视频质量得到了很大的提高。更多的视频正以跨越领域和地域的方式创建出来并进行存储。大多数视频都包含人脸或其他物体,以及关于物体的一些运动情况。这些视频可能拍摄于不同的光照条件,可能拍摄于白天,也可能拍摄于夜晚。视频分析的内容可以是使用摄像头捕捉道路上行人的移动信息,使用摄像头监控生产线上的产品和商品,对机场的安全实施监控、检测和读取停车场中车辆的车牌信息等。

本章将开发的关于图像的功能做进一步拓展,将前述用于图像分类和目标检测的算法推广到视频分析领域。简单地说,视频其实就是图像的序列。正如前面所做的那样,我们将使用 Python 开发关于视频分析的解决方案。

在本章将重点介绍残差网络(ResNet)和 Inception 网络架构。这两个网络都是当下比较先进的网络模型,它们在众多尖端的深度学习解决方案中最受欢迎。随着 ResNet 和 Inception 网络的加入,我们已经涵盖了需要在本书中学习的全部网络模型。

本章覆盖的主题如下:

- ResNet 架构;
- Inception 架构及版本;
- 视频分析及应用实例;
- ResNet、Inception v3 的 Python 实现。

本章所需的技术要求没有变化,继续使用与前面类似的设置。使用 Jupyter Notebook 代码编辑器。本章的代码和数据集已经上传到本书的 GitHub 链接:https://github.com/Apress/computer-vision-using-deep-learning/tree/main/Chapter7。

7.1 视频处理

视频对我们来说并不新鲜,我们可以使用手机、笔记本电脑、手持相机等设备录制视频。

YouTube是最大的一个视频来源,每秒都在生成关于广告、电影、体育、社交媒体、TikTok等内容的视频。通过对这些视频的分析,可以发现很多关于行为、互动、时间和事物顺序的见解。视频确实是一种非常强大的媒介。

有多种方法可以用于设计视频分析的解决方案。可以将视频视为图像帧的集合,然后将每帧作为一个单独的图像进行分析。或者可以给它增加一个额外的声音维度。本书只专注于对视频图像的处理,不会考虑声音信息。

7.2 视频分析的应用

视频是获取知识和信息的一种丰富来源。我们能够以跨领域、跨业务的方式使用深度学习技术进行视频分析。下面是关于视频分析的典型应用场景。

(1)可以通过视频分析实现对人脸的实时检测和识别,使得视频分析具有巨大的优势和跨多个领域的应用。

(2)视频分析可以在灾难管理领域发挥重要作用。例如,在发生类似洪水灾害的情况下,可以通过分析关于灾害发生地区的视频,救援队可以确定应该关注的区域。这将有助于减少救援行动需要的时间,挽救更多的生命。

(3)视频分析在人群管理领域也扮演着重要的角色。可以确定人口的集中程度和由此产生的突出危险。研究小组可以利用摄像机获得的视频或实时视频流进行分析,并且可以采取适当的行动来防止任何意外的发生。

(4)通过分析关于社交媒体的视频,营销团队可以改进服务内容。营销团队甚至可以分析竞争对手的内容,根据业务需求相应地调整自己的业务计划。

(5)通过目标检测和跟踪,视频分析可以快速判断视频中是否存在目标。这样可以节省手工工作。例如,如果有一个关于不同类型汽车的视频集合,希望能够将它们分类为不同的品牌,手动过程将是打开每一个视频,然后做出一个分类决定,这种方法既耗时又容易出错。可以使用基于深度学习的视频分类技术实现车辆分类处理的自动化。

(6)视频分析可以帮助完成对产品的质量检查和认证工作。可以拍摄关于产品生产的整个过程的视频,不再需要手动检查机器中的每个部件,使用基于深度学习的视频分析自动完成产品的质量检测。

上述应用案例并不是全部,还有许多跨领域和部门的应用案例。通过基于深度学习的解决方案,视频分析正在真正地影响着整个商业世界。

在继续介绍关于视频分析的内容之前,需要首先考察关于网络模型面临的一个挑战——梯度消失问题。

7.3 梯度消失和梯度爆炸

7.3.1 梯度消失

神经网络模型通常使用反向传播和基于梯度的学习方法完成对模型的训练。在模型训练过程中,希望能够达到最优的网络权重取值,实现损失函数取值的最小化。网络模型的每个权重在训练算法对模型的训练过程中不断地更新。权重更新的程度与当前训练迭代中误差函数关于权重的偏导数成正比。如图 7-1 所示,S 型函数可能会遇到的梯度消失的问题,而对于 ReLU 或 Leaky ReLU 函数,不会遇到这种梯度消失问题。

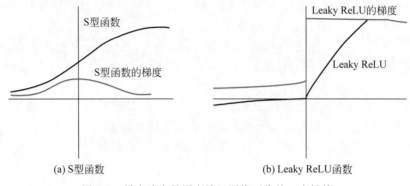

(a) S型函数   (b) Leaky ReLU函数

图 7-1　梯度消失是深度神经网络面临的一个挑战

　　如果训练过程中更新变得太小,权重基本上不会得到更新,导致网络模型得到很少的训练或实际上没有训练,就是所谓的梯度消失问题。考察图 7-2 所示的基本网络架构。神经网络模型中的每个神经元都有一个激活函数和一个偏置项。它接收有限数量的输入与权重的点积,并在其上外加一个偏置项,然后使用激活函数进行映射,最后将激活函数的输出结果传递给下一个神经元。

　　网络模型可以计算出期望输出和预测值之间的差值,这就是误差项。一般希望这个误差项得到最小化处理。在各个网络层和神经元实现权重和偏差的最佳组合时,就会实现误差的最小化。计算误差时,会在关于误差函数的图像上应用梯度下降算法。梯度下降需要计算误差函数相对于其中的每个自变量(权重和偏差)的微分,这是反向传播(Back Propagation,BP)算法需要完成的工作。BP 算法负责通过一个名为学习率的常数来操纵这些权重和偏差。BP 算法的实现是从最后一层到第一层的反向运算操作,或者说使用从右到左的方向进行计算。

　　模型训练算法在每一次的迭代计算过程中,计算梯度下降并确定变化方向。因此,权重和偏差就会得到更新,直到网络误差达到最小化为止。为了实现损失函数最小化,需要达到函数的全局最小值。有时可能无法将损失最小化,只可能停留在某个局部最小值,如图 7-3 所示。因此,网络误差的梯度是网络训练过程中进行计算的方向和幅度,它决定了网络模型权重更新正确的方向和适当的程度。

　　如果有一个层数非常深的网络,与网络的最后一层相比,初始层对最终输出的影响非常小。换句话说,初始层得到的训练就非常少,初始层权重变化也就非常小,原因是反向传播使用从最终层到初始层的链式法则计算梯度。对于在 n 层网络模型,梯度随着 n 的值呈指数递减,此时对初始层的训练就会非常缓慢。或者,在最坏的情况下,会停止对初始层的训练。

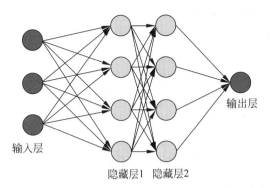

图 7-2　具有输入层、隐藏层和输出层的神经网络基本架构

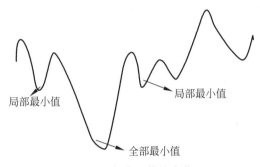

图 7-3　损失函数最小化

下面给出的多种迹象均有助于检查是否产生了梯度消失问题。

(1) 最简单的一种方法是考察网络权重的分布情况。如果权重衰减到零或非常非常接近于零,那么就可能发生了梯度消失的问题。

(2) 与初始层相比,接近最终层的模型权重有着更多的变化。

(3) 模型的权重在训练阶段没有得到改进,或者改进得非常缓慢。

(4) 提前结束训练过程。这意味着任何进一步的训练都不能改进模型。

对于消失梯度问题,这里提供一些候选的解决方案。

(1) 减少网络模型中的层数通常有助于解决梯度问题。但是,减少层数通常会降低网络复杂性,可能会影响网络的性能。

(2) ReLU 激活函数解决了消失梯度问题。与 tanh 或 S 型激活函数相比,ReLU 受梯度消失的影响较小。

(3) 使用 ResNet 也是解决这个问题的一种方法。这种网络模型并没有通过节约梯度流的方式解决梯度消失问题;相反,这种网络模型使用的是多个较小网络的组合或集成。因此,尽管 ResNet 是一种深层网络,但与浅层网络相比,它的损失会更小。

7.3.2　梯度爆炸

除了梯度消失问题,还有梯度爆炸问题。在深度网络中,误差的梯度有时候会累积得非常大。因此,将对网络中的权重进行非常大的更新,导致网络模型很不稳定。下面迹象有助于检测在网络模型训练过程中是否发生了梯度爆炸问题。

（1）模型的损失函数值在训练阶段不大。

（2）在模型训练过程中,遇到损失或权重的取值为 NaN。

（3）模型训练过程不稳定。也就是说,在迭代过程中对损失函数值有着巨大的更新,这表明模型训练处于一种不稳定的状态。

（4）对于网络模型中的每一层和神经元来说,误差的梯度值总是大于 1。

对于消失梯度问题,这里提供一些候选的解决方案。

（1）适当减少网络模型的层数,或者在训练过程中适当减少批大小。

（2）添加基于 L1 和 L2 的权重正则化项,作为对网络损失函数的惩罚项。

（3）梯度裁剪是一种可行的方法。可以在网络模型训练过程中直接限制梯度的大小。可以为误差的梯度设置一个阈值,将误差的梯度限制在这个阈值范围之内,直接剪切掉误差梯度中超过阈值的部分。

（4）如果使用的是循环神经网络,那么可以使用长短期记忆（LSTM）模型。本书不讨论这个模型,感兴趣的读者可以自行查阅相关资料。

梯度消失和梯度爆炸都是比较麻烦的事,它们会影响网络性能,会使网络训练过程不稳定,需要使用前面提到的一些解决方案进行校正。

7.4 ResNet 架构

前面章节介绍了很多模型架构,并将它们应用于图像分类、目标检测、人脸识别等场合,这些模型架构均属于深度神经网络模型。随着深度神经网络模型深度加深,也将面临梯度消失问题。ResNet 通过使用跳层连接的方式解决梯度消失问题。ResNet 由 Kaiming He、Xiangyu Zhang、Shaoqing Ren 等提出,相关论文发表于 2015 年 12 月。跳层连接将网络激活机制从网络模型中的某一层直接带到更深的某一层,可以实现对更深层网络模型的训练,使得对超过 100 层网络模型的训练成为可能。现在详细讨论 ResNet 及跳层连接。

谈到神经网络模型极其出色性能的时候,通常会立即将这种出色的性能归因于网络模型的深度。如果网络模型的层数越深,那么模型的精度就越高。初始网络层学习到的是关于数据的基本特征,更深的网络层将会学习到样本数据更高层的特征。

然而,在增加网络模型更多层数的同时,也正在增加网络模型的复杂度。事实上,对于一个比较深层次的网络模型（比如有 56 层）,它们损失函数值通常要比较少层次的网络（20 层）更大。

注意：使用 16～30 层卷积和全连接层的 CNN 模型通常会得到最好结果。

可以将这种损失函数值的差异归因于前面讨论过的梯度消失问题。为了有效解决梯度
消失问题,引入如图 7-4 所示的残差块,使用这种
残差块可以实现跳层连接或恒等映射。注意前一
层的输出是如何传递到下一层的,从而跳过中间的
网络层,这样就可以训练更深层次的网络,而不会
出现梯度消失问题。

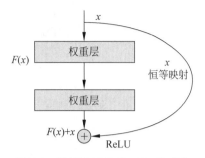

这个恒等映射自身没有带任何输入参数;相
反,它从上一层获取输出并直接将获得的信息添加
到下一层。换句话说,其实它是在第二次激活之前
的一种快捷连接。正是因为有了这种捷径,才有可

图 7-4　跳层连接是 ResNet 的核心

能在不降低网络性能的情况下实现对更深层次网络模型的训练。这是这种解决方案的核心
思想,也是这种网络模型取得巨大成功的根本原因。

现在考察图 7-5 所示的 ResNet-34 网络模型架构,图 7-5(a)是作为参考的 VGG19 模
型,图 7-5(b)是一个没有跳层连接的普通网络,图 7-5(c)是有残差连接的网络。ResNet-34
模型架构。对于 ResNet 模型,需要注意以下几点。

(1) 未使用全连接层或 Dropout。

(2) 所有的卷积核大小都是 3×3。

(3) 虚线表示不同的维度。

(4) 为了解决维度差异问题,对输入数据做两个单位的下采样,然后用零进行填充以实
现两者维度的匹配。

图 7-6 提供了 ResNet 内部的 4 个残差块。左边的每个普通网络都有一个相应的使用
跳层连接的模块。跳层连接可以训练更深层次的网络模型,但不影响网络模型的准确性。
例如,对于第一个块,它是一个普通的网络模型,有一个 7×7 的卷积层,然后是一个 3×3 的
卷积层。

对于每个残差结构中,跳层连接从前一层获取输出,并将获得的信息共享给与它关
联的两个模块。这是它与普通网络架构的核心区别,这种处理提高了 ResNet 模型的
性能。

跳层连接以一种非常有趣的方式扩展了深层网络模型的能力。发明者在 CIFAR 数
据集上分别使用 100 层和 1000 层网络模型进行了测试。结果发现,使用残差网络的集
成模型能够在 ImageNet 上实现 3.57% 的错误率,从而在 ILSVRC2015 竞赛中获得第
一名。

关于 ResNet 的一些改进模型也变得越来越流行,如 ResNetXt、DenseNet 等。它们对
ResNet 架构的改进进行了一些有益的探索,例如,ResNetXt 引入了基数作为模型的一个超
参数。

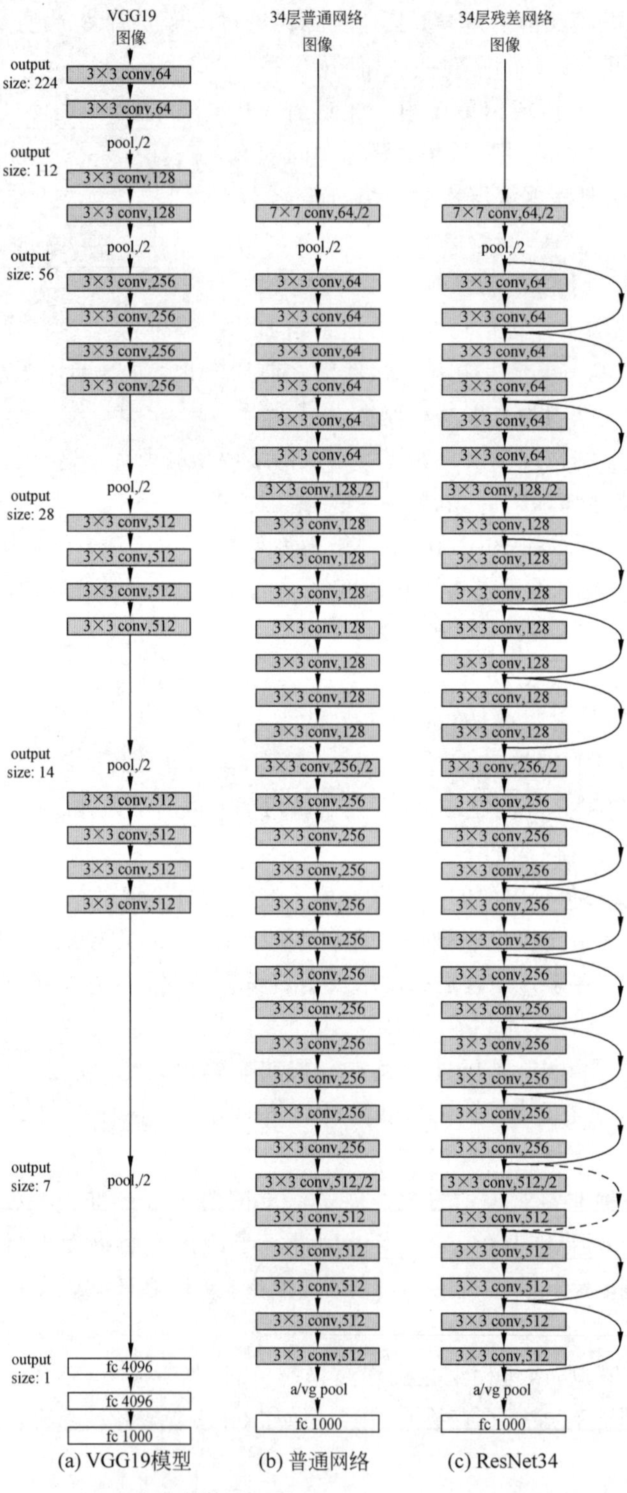

图 7-5 ResNet-34 的完整架构(来源:https://arxiv.org/pdf/1512.03385.pdf)

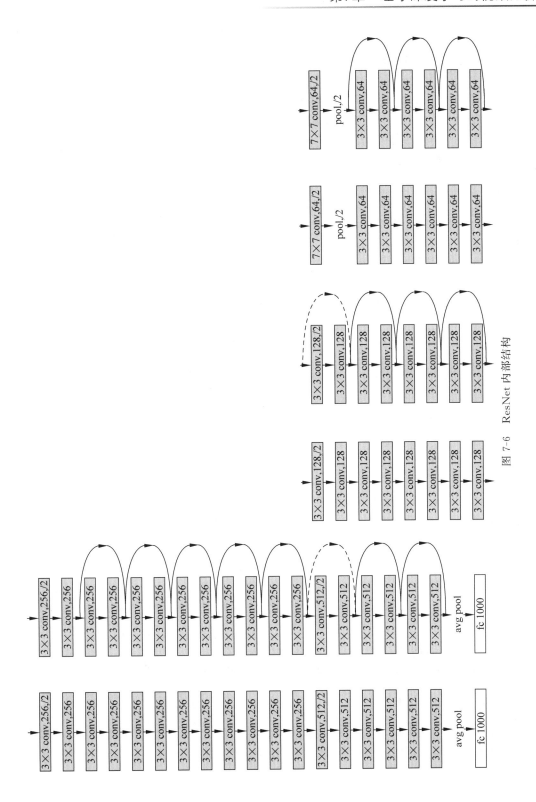

图 7-6　ResNet 内部结构

7.5 Inception 网络

当解决一些比较复杂的任务时,使用深度学习方法通常会获得非常好的处理效果。如果使用堆叠的卷积层,就能够实现对深度网络的训练。但是,也会存在如下一些挑战。

(1) 网络模型会变得过于复杂,此时需要巨大的计算能力。

(2) 在网络模型的训练过程中,会遇到梯度消失和梯度爆炸问题。

(3) 在考察网络模型在训练集和测试集上的准确度时,网络模型通常会出现过度拟合现象,模型对于以前未观察到的数据集不能获得较好的预测效果。

(4) 卷积核大小的合理选择是一件比较困难的事情。选择不当的内核大小将会产生不理想的预测效果。

为了解决面临的上述挑战,研究人员进行了反思,为什么不能使用更宽而不是更深的网络模型? 更严格地说,是否可以让多个尺寸的过滤器在同一层次上运行? 因此,Szegedy 等提出了 Inception 模块,其架构如图 7-7 所示。

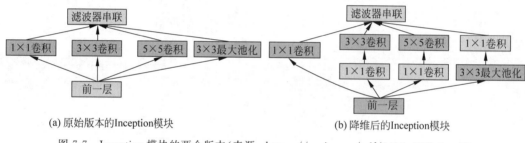

(a) 原始版本的Inception模块   (b) 降维后的Inception模块

图 7-7　Inception 模块的两个版本(来源:https://arxiv.org/pdf/1409.4842v1.pdf)

原始版本的 Inception 实现了三种不同大小的卷积计算——1×1、3×3 和 5×5。此外,它还包含 3×3 的最大池化层。模块将所有相应的输出堆叠起来,并提供给下一个 Inception 模块。

为了降低模型的计算开销,研究人员通过增加一个额外的 1×1 卷积层实现对数据的降维。这样就可以限制输入通道的数量,并且 1×1 的卷积计算比 3×3 或 5×5 的卷积计算具有更低计算开销。一个显著特点就是在最大池化层之后使用 1×1 卷积计算。

通过使用第二种降维方法,可以创建一种名为 GoogLeNet 的网络模型。使用这个名字是为了向 LeNet-5 架构的先驱 Yann LeCuns 表示致敬。

在深入讨论 GoogLeNet 架构之前,先讨论 1×1 卷积计算的唯一性。

7.5.1　1×1 卷积

对于深度网络模型来说,特征图的数量通常会随着网络深度的增加而增加。所以,如果某个输入图像具有三个通道,并且应用某个 5×5 的过滤器,那么这个 5×5 的过滤器将被应用在 5×5×3 的块中。此外,如果输入是来自另外某个深度为 64 的卷积层的特征图块,那么这个 5×5 的过滤器将被用于 5×5×64 的块中。这就变成了一种非常具有挑战性的计算任务。此时,可以使用 1×1 过滤器有效解决这个挑战。

1×1 卷积很容易理解和实现,也称其为网络中的网络。对于每个通道的输入,它使用一个单一的特征或权重进行处理。与其他过滤器类似,它的输出也是单个数字可以在网络模型的任何地方使用 1×1 卷积层,而不需要使用任何填充处理,并且可以生成与输入数据的宽度和高度完全相同的特征图。

如图 7-8 所示,如果 1×1 卷积层中的通道数与输入图像中的通道数相同,那么输出也必然包含与 1×1 过滤器相同数量的通道数。这里的 1×1 卷积层是一个非线性函数,输入的通道数量和 1×1 层的通道数量相同。因此,输出的通道数量与 1×1 过滤器的数量相同。

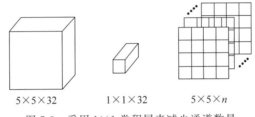

5×5×32   1×1×32   5×5×n

图 7-8 采用 1×1 卷积层来减少通道数量

因此,想要减少通道数量或执行任何必要的特征变换时,使用 1×1 卷积计算是一种比较有用解决方案。这样可以有效地减少计算开销。可以将 1×1 卷积层用于很多不同类型深度学习网络架构的设计,例如 ResNet 和 Inception。

7.5.2 GoogLeNet 架构

完整的 GoogLeNet 架构如图 7-9 所示。蓝色块表示卷积层,红色块表示池化层,黄色块表示 Softmax 层,绿色块表示其他层。下面是 GoogLeNet 的几个重要属性。

(1) Inception 网络由一些 Inception 模块串接而成。

(2) 使用 9 个 Inception 模块进行线性堆叠。

(3) 有 3 个 Softmax 分支(图 7-9 中黄色部分)分别处于模型中不同的位置。其中两个作为辅助分类器位于网络的中间部分,它们保证了中间特征有利于网络的学习,并且能够起到正则化的效果。

(4) 使用两个 Softmax 计算辅助损失。净损失是辅助损失与实际损失的加权损失。辅助损失只是在模型训练时产生作用,最终模型预测分类测试阶段时不将辅助损失纳入损失计算范围。

(5) 网络模型一共有 27 层(22 层+ 5 池化层)。

(6) 网络模型一共包含近 500 万个参数。

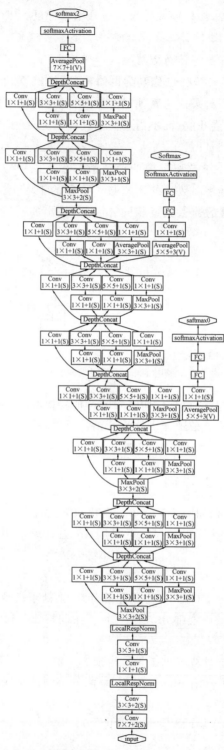

图 7-9　完整的 GoogLeNet 架构(来源:https://arxiv.org/pdf/1409.4842v1.pdf)

如图 7-10 所示,将网络中的某个部分裁剪出来并进行放大,以便更加仔细地考察网络结构。这里需要特别注意的是,将 Softmax 分类器(显示在黄色块中)添加到网络模型当中,可以解决梯度消失和过度拟合的问题,但最后的损失是网络辅助损失和实际损失的加权损失。

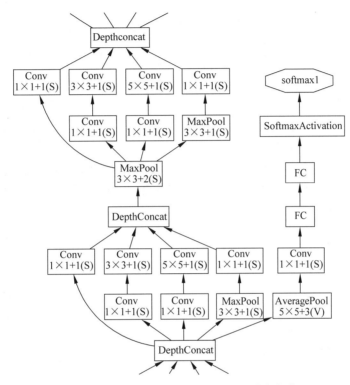

图 7-10　Inception 网络中某个部分的放大版本

事实证明,Inception v1 是一个很好的解决方案,它在 ILSVRC2014 中获得了第一名,前 5 位错误率仅为 6.67%。但研究人员并没有止步于此,提出了 Inception v2 和 Inception v3 进一步改进了这个解决方案。

7.5.3　Inception v2 中的改进

论文 https://arxiv.org/pdf/1512.00567v3.pdf 具体讨论了关于 Inception v2 和 Inception v3 的改进。改进的目的是充分提高模型的准确性,并且通过降低模型的复杂性减少计算开销。Inception v2 模型中的改进如下所述。

(1) 将 5×5 的卷积分解为两个 3×3 的卷积。这样做的目的是提高计算速度,并提高网络性能。图 7-11(a)是原始 Inception 模块,图 7-11(b)是改进后的 Inception 模块。

(2) 第二个改进是将卷积进行分解,使得 $n×n$ 大小的过滤器变成 $1×n$ 和 $n×1$ 的组合,如图 7-12 所示。例如,令 $n=5$,将 5×5 的过滤器修改为先执行 1×5 卷积计算,然后执

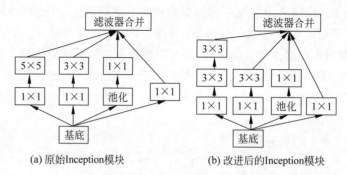

图 7-11　Inception v2 改进一：将 5×5 卷积分解为两个 3×3 的卷积

（来源：https://arxiv.org/pdf/1512.00567v3.pdf）

行 5×1 卷积计算，这样可以进一步提高计算效率。

（3）随着网络层深度的增加，数据的维度会减少，因此可能会造成信息的丢失。因此，如图 7-13 所示，建议将过滤器组做得更宽，而不是更深。随着深度的增加，数据维度急剧减少，这是一种信息损失。

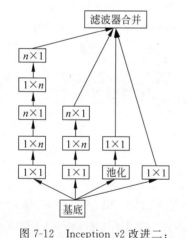

图 7-12　Inception v2 改进二：

$n×n$ 大小的过滤器变成 $1×n$ 和 $n×1$ 的组合

（来源：https://arxiv.org/ pdf/1512.00567v3.pdf）

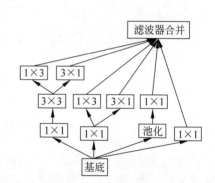

图 7-13　Inception v2 改进二：模型加宽

（来源：https://arxiv.org/pdf/1512.00567v3.pdf）

7.5.4　Inception v3 模型

对于 Inception v3 模型，除了前述改进之外，新的改进主要是使用了标签平滑技术，这是一种用于处理过拟合问题的正则化技术。关于这种技术的数学证明已经超出了这本书的范围。该模型使用 RMSProp 作为优化器，对辅助分类器的全连接层进行了批量归一化处理。它通过对 4 个模型集成取得了仅 3.58% 的前 5 位错误率，几乎是原始 GoogLeNet 模型的一半。

Inception v4 和 Inception-Resnet 模型做了进一步的改进。它们的性能均优于以前的版本,3×Inception-ResNet(v2)和 1×Inceptionv4 这两个模型的集成甚至可以达到 3.08% 的前 5 位错误率。

Inception 和 ResNet 都是深度神经网络中使用最广泛的网络模型。使用迁移学习方式可以让它们产生奇妙的结果,事实证明它们是解决计算机视觉问题的一种真正有效的工具。

下面继续讨论在本章开头提出的视频分析问题。

7.6 视频分析

视频分析从处理视频开始。正如我们可以通过眼睛看到并使用我们的记忆和大脑处理视频内容一样,计算机也可以通过相机看到视频内容。为了能够让计算机理解视频内容,可以将深度学习作为必要的技术支持。

视频是一种非常丰富的信息来源,也非常复杂。在图像分类的场合中,取一幅图像作为输入数据,使用 CNN 模型处理这幅图像,对其进行特征提取,然后根据提取出来的特征完成对图像的分类。对于视频分类,首先从视频中提取图像帧,然后对该图像帧进行分类。所以,视频处理不是一个任务,而是由多个子任务组成的任务集合。OpenCV 是目前最流行的一种视频分析库,我们将使用基于深度学习的解决方案进行视频分析。

基于深度学习的视频分类基本步骤如下。

(1)首先从视频中获取图像帧,并将这些图像帧划分为训练集和验证集。

(2)然后使用训练集中的图像数据对网络进行训练,并优化模型的准确率。

(3)使用验证数据集对模型的性能进行验证以获得最终模型。

对于模型未观察到的新视频,首先从视频中抓取图像帧,然后使用模型对抓取的图像帧进行分类。

上述处理步骤与任何图像分类解决方案几乎相同。额外的步骤是针对新视频——首先抓取某个图像帧,然后对该图像帧进行分类。

下面使用 Inception v3 和 ResNet 创建关于视频分类的解决方案。

7.7 使用 Inception v3 和 ResNet 创建 Python 解决方案

现在为视频分析创建一个 Python 解决方案。为此,将在一个体育数据集上训练一个网络模型,并使用这个网络模型预测某个视频文件的类别。可以从 https://github.com/jurjsorinliviu/Sports-Type-Classifier 下载数据集。这个数据集包含多种运动类型的图像。我们将为板球、曲棍球和国际象棋构建一个分类器。数据集和代码已上传到 https://github.com/Apress/computer-vision-using-deeplearning/tree/main/Chapter7。

图 7-14 展示了一些关于板球、曲棍球和国际象棋的图像示例，具体步骤如下所述。

图 7-14　板球、曲棍球和国际象棋的图像示例

（1）加载所有所需的程序库。

```
import matplotlib
from tensorflow.keras.preprocessing.image import
ImageDataGenerator
from tensorflow.keras.optimizers import SGD
from sklearn.preprocessing import LabelBinarizer
from tensorflow.keras import optimizers
from sklearn.model_selection import train_test_split
from sklearn.metrics import classification_report
from tensorflow.keras.layers import AveragePooling2D
from tensorflow.keras.applications import InceptionV3
from tensorflow.keras.layers import Dropout
from tensorflow.keras.layers import Flatten
from tensorflow.keras.layers import Dense
from tensorflow.keras.layers import Input
from tensorflow.keras.models import Model
from imutils import paths
import matplotlib.pyplot as plt
import numpy as np
import cv2
import os
```

（2）为感兴趣的运动类别设置标签。

```
game_labels = set(["cricket", "hockey", "chess"])
```

（3）设置其他变量的值，如位置、路径等。还将初始化两个列表——complete_data 和 complete_label——用于在后面的阶段保存数值。

```
location = "/Users/vaibhavverdhan/BackupOfOfficeMac/Book/
Restart/Apress/Chapter7/Sports-Type-Classifier-master/data"
data_path = list(paths.list_images(location))
complete_data = []
complete_labels = []
```

（4）加载 Sports 数据集并读取它们对应的标签。输入图像大小是 299×299，因为首先要训练 Inception v3。对于 ResNet,图像大小是 224×224。

```
for data in data_path:
# extract the class label from the filename
class_label = data.split("/")[-2]
if class_label not in game_labels:
# print("Not used class lable",class_label)
continue
# print("Used class lable",class_label)
image = cv2.imread(data)
image = cv2.cvtColor(image, cv2.COLOR_BGR2RGB)
image = cv2.resize(image, (299, 299))
complete_data.append(image)
complete_labels.append(class_label)
Step 5: Convert the labels to numpy arrays.
complete_data = np.array(complete_data)
complete_labels = np.array(complete_labels)
```

(5) 对标签完成 one-hot 编码。

```
label_binarizer = LabelBinarizer()
complete_labels = label_binarizer.fit_transform(complete_labels)
```

(6) 将数据分成 80% 的训练数据和 20% 的测试数据。

```
(x_train, x_test, y_train, y_test) = train_test_split(complete_data, complete_labels,test_
size = 0.20, stratify = complete_labels, random_state = 5)
```

(7) 对初始的训练数据进行数据增强。

```
training_augumentation = ImageDataGenerator(
rotation_range = 25,
zoom_range = 0.12,
width_shift_range = 0.4,
height_shift_range = 0.4,
shear_range = 0.10,
horizontal_flip = True,
fill_mode = "nearest")
```

(8) 对初始测试数据进行数据增强。为每个对象定义关于 ImageNet 平均值的差值。

```
validation_augumentation = ImageDataGenerator()
mean = np.array([122.6, 115.5, 105.9], dtype = "float32")
training_augumentation.mean = mean
validation_augumentation.mean = mean
```

(9) 加载 Inception 网络。将这个模型将作为基础模型。

```
inceptionModel = InceptionV3(weights = "imagenet", include_top = False,
```

```
input_tensor = Input(shape = (299, 299, 3)))
```

（10）制作模型的头部，并将其放置在基础模型的顶部。

```
outModel = inceptionModel.output
outModel = AveragePooling2D(pool_size = (5, 5))(outModel)
outModel = Flatten(name = "flatten")(outModel)
outModel = Dense(512, activation = "relu")(outModel)
outModel = Dropout(0.6)(outModel)
outModel = Dense(len(label_binarizer.classes_),
activation = "softmax")(outModel)
```

（11）获得最终的模型并使模型的基础层不可训练。

```
final_model = Model(inputs = inceptionModel.input, outputs = outModel)
for layer in inceptionModel.layers:
layer.trainable = False
```

（12）设置超参数和拟合模型等剩余的步骤，得到如图 7-15 所示的输出。

```
Epoch 1/5
11/11 [==============================] - 52s 5s/step - loss: 10.7731 - acc: 0.3333
43/43 [==============================] - 217s 5s/step - loss: 10.7571 - acc: 0.3326 - val_loss: 10.7731 - val_acc: 0.
3333
Epoch 2/5
11/11 [==============================] - 37s 3s/step - loss: 10.6691 - acc: 0.3333
43/43 [==============================] - 208s 5s/step - loss: 10.7571 - acc: 0.3326 - val_loss: 10.6691 - val_acc: 0.
3333
Epoch 3/5
11/11 [==============================] - 37s 3s/step - loss: 10.7940 - acc: 0.3333
43/43 [==============================] - 195s 5s/step - loss: 10.7457 - acc: 0.3326 - val_loss: 10.7940 - val_acc: 0.
3333
Epoch 4/5
11/11 [==============================] - 38s 3s/step - loss: 10.7315 - acc: 0.3333
43/43 [==============================] - 195s 5s/step - loss: 10.7187 - acc: 0.3333 - val_loss: 10.7315 - val_acc: 0.
3333
Epoch 5/5
11/11 [==============================] - 39s 4s/step - loss: 10.7315 - acc: 0.3333
43/43 [==============================] - 201s 5s/step - loss: 10.7189 - acc: 0.3333 - val_loss: 10.7315 - val_acc: 0.
3333
```

图 7-15　训练的输出结果

```
num_epochs = 5
learning_rate = 0.1
learning_decay = 1e - 6
learning_drop = 20
batch_size = 32
sgd = optimizers.SGD(lr = learning_rate, decay = learning_decay,
momentum = 0.9, nesterov = True)
final_model.compile(loss = 'categorical_crossentropy', optimizer =
sgd, metrics = ['accuracy'])
model_fit = final_model.fit(
x = training_augumentation.flow(x_train, y_train, batch_size = batch_size),
steps_per_epoch = len(x_train) // batch_size,
validation_data = validation_augumentation.flow(x_test,
y_test),
validation_steps = len(x_test) // batch_size,
```

```
epochs = num_epochs)
```

（13）获得训练/测试的准确性和损失。根据图 7-16 可以分析，这个网络模型目前还不够好，无法进行有效的预测。

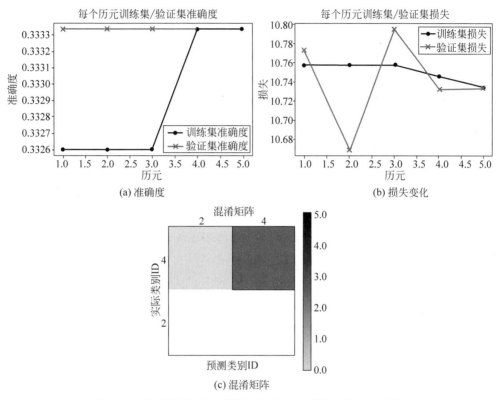

(a) 准确度

(b) 损失变化

(c) 混淆矩阵

图 7-16　模型训练/验证数据集的准确度、损失变化和矩阵图

```
import matplotlib.pyplot as plt
f, ax = plt.subplots()
ax.plot([None] + model_fit.history['acc'], 'o-')
ax.plot([None] + model_fit.history['val_acc'], 'x-')
ax.legend(['Train acc', 'Validation acc'], loc = 0)
ax.set_title('Training/Validation acc per Epoch')
ax.set_xlabel('Epoch')
ax.set_ylabel('acc')
import matplotlib.pyplot as plt
f, ax = plt.subplots()
ax.plot([None] + model_fit.history['loss'], 'o-')
ax.plot([None] + model_fit.history['val_loss'], 'x-')
ax.legend(['Train loss', 'Validation loss'], loc = 0)
ax.set_title('Training/Validation loss per Epoch')
ax.set_xlabel('Epoch')
ax.set_ylabel('Loss')
```

```
predictions = model_fit.model.predict(testX)
from sklearn.metrics import confusion_matrix
import numpy as np
rounded_labels = np.argmax(testY, axis = 1)
rounded_labels[1]
cm = confusion_matrix(rounded_labels,
np.argmax(predictions, axis = 1))
def plot_confusion_matrix(cm):
cm = [row/sum(row) for row in cm]
fig = plt.figure(figsize = (10, 10))
ax = fig.add_subplot(111)
cax = ax.matshow(cm, cmap = plt.cm.Oranges)
fig.colorbar(cax)
plt.title('Confusion Matrix')
plt.xlabel('Predicted Class IDs')
plt.ylabel('True Class IDs')
plt.show()
plot_confusion_matrix(cm)
```

（14）现在实现 ResNet 模型。将输入大小更改为 224×224，所有内容保持不变，对体育类别进行改变。

```
game_labels = set(["cricket", "swimming", "wrestling"])
```

（15）完整的代码在 GitHub 链接，这里提供了输出结果，如图 7-17 所示。该算法在验证集上准确率为 85.81%。保存模型，然后用这个模型对图像样本进行预测，以检查它是否可以进行有效的预测，结果如图 7-18 所示。

```
model_fit.model.save("sport_classification_model.h5")
```

```
Epoch 1/5
19/19 [==============================] - 48s 3s/step - loss: 7.8011 - acc: 0.3077
86/86 [==============================] - 619s 7s/step - loss: 1.1110 - acc: 0.6122 - val_loss: 7.8011 - val_acc: 0.30
77
Epoch 2/5
19/19 [==============================] - 49s 3s/step - loss: 0.8106 - acc: 0.7316
86/86 [==============================] - 914s 11s/step - loss: 0.6576 - acc: 0.7295 - val_loss: 0.8106 - val_acc: 0.7
316
Epoch 3/5
19/19 [==============================] - 44s 2s/step - loss: 0.7306 - acc: 0.7692
86/86 [==============================] - 601s 7s/step - loss: 0.5137 - acc: 0.7999 - val_loss: 0.7306 - val_acc: 0.76
92
Epoch 4/5
19/19 [==============================] - 44s 2s/step - loss: 0.6629 - acc: 0.7248
86/86 [==============================] - 736s 9s/step - loss: 0.4913 - acc: 0.8087 - val_loss: 0.6629 - val_acc: 0.72
48
Epoch 5/5
19/19 [==============================] - 45s 2s/step - loss: 0.4514 - acc: 0.8581
86/86 [==============================] - 624s 7s/step - loss: 0.4151 - acc: 0.8482 - val_loss: 0.4514 - val_acc: 0.85
81
```

图 7-17　ResNet 模型训练的输出结果

（16）前面的章节中已经介绍过下面这些步骤。

```
file = open("sport_classification", "wb")
file.write(pickle.dumps(label_binarizer))
```

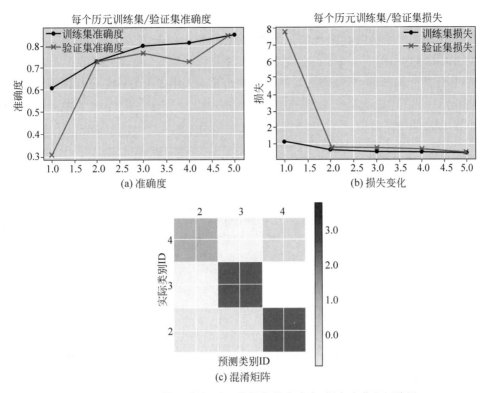

图 7-18 ResNet 模型训练/验证数据集的准确度、损失变化和矩阵图

```
file.close()
modelToBeUsed = load_model("sport_classification_model.h5")
labels = pickle.loads(open("sport_classification", "rb").
read())
import numpy as np
from keras.preprocessing import image
an_image = image.load_img('/Users/vaibhavverdhan/
BackupOfOfficeMac/Book/Restart/Apress/Chapter7/Sports - Type - Classifier - master/data/
cricket/00000000.jpg',target_size=(224,224)) # Load the image
# The image is now getting converted to array of numbers
an_image = image.img_to_array(an_image)
# Let us now expand it's dimensions. It will improve the prediction power
an_image = np.expand_dims(an_image, axis = 0)
# call the predict method here
verdict = modelToBeUsed.predict(an_image)
i = np.argmax(verdict)
label = labels.classes_[i]
```

（17）使用这个模型从一段体育视频中预测视频的类别。

（18）从某个对象中捕捉视频。

```
video = cv2.VideoCapture(path_video)
```

（19）遍历视频中的所有图像帧。为此，需要开始将指示器 isVideoGrabbed 设置为 1。当视频结束时，isVideoGrabbed 将会变成零，整个过程使用 while 循环实现。当捕获到一个图像帧时，作为一幅图像，可以将它转换成某个必要的大小提供给模型进行预测。

```
isVideoGrabbed = 1
while isVideoGrabbed:
(isVideoGrabbed, video_frame) = video.read()
if not isVideoGrabbed:
print("done")
break
video_frame = cv2.cvtColor(video_frame, cv2.COLOR_BGR2RGB)
video_frame = cv2.resize(video_frame, (224, 224)).
astype("float32")
video_frame -= mean
prediction_game = modelToBeUsed.predict(np.expand_
dims(video_frame, axis=0))[0]
i = np.argmax(verdict)
game = labels.classes_[i]
#print(game)
```

（20）可以逐帧生成关于整个视频的预测。这样就可以使用神经网络模型观看一段关于运动的视频，并预测这是哪一种类型的运动。

注意：有时在预测中会出现一些含糊不清的地方，可以采用所有帧的预测模式改进最终的预测结果。

这就是使用 ResNet 和 Inception v3 网络的 Python 解决方案。通过迁移学习方式使用这些深度神经网络的功能并不是一个大的挑战。但是创建一个优化的解决方案仍然是一项非常艰巨的工作。对于前述应用案例，可以分析 ResNet 和 Inception v3 网络各自在准确度方面的差别。准确度通常取决于数据集和可用图像的数量。

7.8　小结

视频作为一种连续的图像帧，是一种很好的娱乐来源。随着技术领域的进步、更小更轻摄像头的出现、智能手机摄像头的整合以及社交媒体的渗透，大量视频正在被制作出来。深度学习架构为视频分析和相关洞见的生成提供了很大的灵活性。但与图像相比，视频分析仍然属于较少被探索的领域。视频是声音和图像的结合。这个领域还有很大的发展空间，深度学习架构正在突破这个界限。

目前，深度学习的架构变得越来越深。这里存在一种误解，认为网络模型的层数越深，模型性能就越好。事实上，随着网络模型深度的增加，模型的复杂度也会增加。数据维度的减少也会导致信息的丢失。网络模型可能开始过度拟合。因此,需要一些新颖和创新的解决方案。有时候,使用不同的想法可以提供更加稳健的解决方案。

本章考察了两种重要的网络模型——ResNet 和 Inception。这两种网络都非常具有创新性,并且有效提升了模型的功能。重点讨论了这些网络模型的结构和创新的本质。这些网络模型由于其优异的性能而得到广泛的应用。

本章讨论了视频分析和视频处理的相关概念,使用 ResNet 和 Inception v3 两个网络模型创建了一个 Python 解决方案,通过对模型权重的预训练实现迁移学习的效果。

第 8 章是本书的最后一章,将讨论开发深度学习解决方案的整个过程,还将讨论所面临的问题、解决方案以及所遵循的最佳实践。

习题

(1) 跳层连接的目的是什么,它们有什么用处?

(2) 什么是梯度消失的问题? 如何解决这个问题?

(3) Inception v1 和 Inception v3 网络之间有什么改进的地方?

(4) 使用 VGG 和 AlexNet 解决本章的体育分类问题,并比较几种网络的性能。

(5) 从 www.tensorflow.org/datasets/catalog/ucf101 获取视频数据集,数据集有 101 个不同的类别;使用这个类别来进行分类。

(6) 从 www.ino.ca/en/technologies/video-analytics-dataset/获取关于 INO 传感器的数据集。它同时具有彩色图像和热成像。使用 ResNet 开发视频分类算法。

拓展阅读

[1] Huang G, Zhuang Liu Z, Van Der Maaten L, et al. Densely Connected Convolutional Networks[EB/OL]. https://ieeexplore.ieee.org/document/8099726.

[2] Simonyan K, ndrew Zissermanv A. Very Deep Convolutional Networks for Large-Scale Image Recognition[EB/OL]. https://arxiv.org/abs/1409.1556.

[3] He K, Zhang X, Ren S, et al. Identity Mappings in Deep Residual Networks[EB/OL]. https://arxiv.org/abs/1603.05027v.

[4] Srivastava N, Hinton G, Krizhevsky A, et al. Dropout: A Simple Way to Prevent Neural Networks from Overfitting [EB/OL]. https://jmlr.org/papers/volume15/srivastava14a/srivastava14a.pdf.

[5] He K, Zhang X, Ren S, et al. Deep Residual Learning for Image Recognition[EB/OL]. https://arxiv.org/pdf/1512.03385.pdf.

第 8 章

端到端的网络模型开发

有时候，正是旅途让你知道什么是终点。

——Drake

深度学习知识的掌握是一个漫长而乏味的旅程，需要不懈的努力和不断的练习。在通往成功的道路上需要细致的计划、巨大的投入、持续的实践和足够的耐心。读完本书，在这段不平凡的旅程中，你现在已经迈出了第一步。

本书以计算机视觉的核心概念作为开始，使用 OpenCV 开发一个相应的解决方案，然后探讨了卷积神经网络的概念——不同的网络层、不同类型的函数以及各自的输出。

到目前为止，本书已经讨论了多种网络架构，介绍了这些网络架构的组成部分、技术细节、优缺点以及后续的改进措施。书中还给出了关于图像二类别分类、图像多类别分类、目标检测、人脸检测和识别以及视频分析的解决方案和应用案例。在本书的最后一章将讨论关于端到端网络模型的开发周期，包括模型部署、最佳实践、常见缺陷和面临的挑战，本章还将深入研究项目需求，更加详细地讨论迁移学习的概念，并将对各种网络架构的性能进行比较和基准测试。

本章覆盖的主题如下：

- 深度学习的项目需求；
- 端到端的模型开发过程；
- 图像样本增强；
- 常见错误及最佳实践；
- 模型部署与维护。

本章有关代码和数据集已经上传到 GitHub 链接 https://github.com/Apress/computer-vision-using-deep-learning/tree/main/Chapter5 中，建议使用 Jupyter Notebook 代码编辑器。对于本章内容，常用计算机的 CPU 就足以执行全部的代码。但是，如果需要的话，也可以使用 Google Colaboratory。

8.1 深度学习项目需求

与其他项目一样，基于深度学习的项目同样意味着需要拥有一个成功项目所具备的所有组件。图 8-1 为一个图像处理项目的主要组件。基于深度学习的计算机视觉项目需要使用上述组件进行开发和执行。这些组件与其他项目的开发过程比较类似。

图 8-1　图像处理项目的主要组件

一个成功的深度学习项目主要由如下几部分组成。

（1）创意或想法是指持续的头脑风暴，这是深度学习项目取得成功的一个必要条件。构思过程可以确保在项目研发过程中遇到问题时，能够有一个健全的解决思路和解决方案。业务知识和深度学习/机器学习专业知识的良好结合肯定是必要的。除了上面提到的两个方面的要素之外，还需要其他方面的要素，这就是下一个要点——团队结构。

（2）机器学习项目团队通常由业务需求主题专家、具有技术智慧的数据科学团队、数据工程团队、软件工程团队、项目经理和 IT 团队组成并进行有效配合。

- 主题专家的任务是确保项目处于通往成功实现业务目标的正确道路上。
- 数据科学团队的任务是负责算法的研究。
- 项目经理的任务是负责整个项目的流程管理。
- 软件工程团队的任务是负责模型的正确部署和创建解决方案所需的接口。
- 数据工程团队负责创建传输和保存图像的管道；有效的数据管理需要强大的数据工程团队。
- IT 团队确保为整个接口和解决方案配备适当的基础设施。

（3）一个鲁棒而具体的项目开发过程要确保没有忽略任何必要的步骤，并且为项目成功设定明确的目标。

（4）对模型持续改进的需求主要来自用户的使用反馈意见和对模型运行情况的监测。一旦将网络模型部署到实际生产环境中，就应该不断地监测模型的各方面性能，并通过适当的反馈机制对模型性能进行改进。对模型的监测还应当确保解决方案低于所要求的准确度标准时，能够检查和改进解决方案。

（5）基础设施是深度学习项目的支柱。如果没有良好的机器、处理器、GPU、存储器等器件和设备，就很难训练出具有鲁棒性的深度学习解决方案，有时甚至使项目开发变得不可行。使用只有 4GB 或 8GB RAM 以及标准处理器的笔记本电脑和台式机，不可能完成计算机视觉项目中 50000 个图像样本的神经网络模型训练工作，因此，要完成深度学习解决方案必须使用具有鲁棒性的基础设施。Azure 或 Google Cloud 或 Amazon Web services 这样的云服务提供了可用于这种目的的虚拟机。

注意：可以免费地使用 Google Colab，但是使用 Google Colab 并不是一个永久性的解决方案，Google Colab 无法用于对敏感数据集的处理。此外，作为免费版本，Google Colab 并不能确保能够使用机器的所有功能。本书附录部分给出了关于 Google Colab 设置的具体方法。

（6）数据集是完成网络模型训练、模型性能测试和模型运行情况监测任务所需要的原始材料。这里需要一个有效的数据管理机制确保所有的图像都能够被仔细地捕获和保存，训练样本数据能够被有效地使用和存储，以便进行审计，并且需要存储一些模型未观察到的样本数据以及一些新的样本数据以供将来参考。还需要一个具体的数据管理过程确保项目的成功。

深度学习项目是不同团队和技能集合的一种有趣的融合。模型是整个解决方案的核心，但需要对模型进行彻底的测试和部署。主题专家的任务是确保算法能够公正地处理手头的业务问题。简而言之，一个完美的项目研发团队是解决方案能够在现实世界中有效工作的必要条件。

8.2　深度学习项目的开发过程

与其他项目一样，基于深度学习的项目目标也是为了解决业务问题，需要将它们部署到具体生产环境当中。图 8-2 给出了深度学习项目开发的基本过程，首先定义一个具有鲁棒性的业务问题，然后是处理数据、建模和维护等阶段。

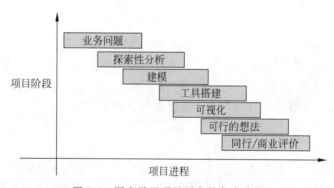

图 8-2　深度学习项目开发的各个阶段

8.2.1　业务问题的定义

业务问题定义是项目的核心需求。业务问题通常没有明确定义，也没有适当的明确范围。业务问题的范围在整个项目开发周期和延续期间都会逐渐发生变化。我们有时甚至会发现模型的实际输出结果并没有达到预期的输出效果,这样就会在团队之间产生摩擦,并且在许多情况下不得不放弃整个项目的研发。

定义业务问题时通常会面临如下挑战。

(1) 含糊不清的业务问题。例如,"我们必须增加收入。"这个业务问题没有具体的逻辑意义,可以对其进行重新定义。

(2) 业务目标非常远大。例如,"我们必须在一周内将成本降低80%。"在上述时间范围内实现目标可能是不可行的,必须对这些问题进行改善。

(3) 缺乏适当的与业务问题相关联的关键性能指标(Key Performance Indicator,KPI)。例如,"我们必须增加收入"这个业务问题非常宽泛。如果没有任何可度量的标准,就很难对解决方案的性能进行衡量。

因此,定义一个良好业务问题是一件至关重要的事情。一个得到良好定义的业务问题通常由如下几个部分组成。

(1) 一个定义良好业务问题应集中需要完成的目标。例如,"企业希望实现考勤系统的自动化。为此,我们需要创建一个自动人脸识别系统。"虽然这个问题仍然需要更多的组件,但是这里业务问题的定义十分清楚。

(2) 可以使用KPI来衡量业务问题。如果没有这个度量标准,就很难确定系统的实际性能和解决方案的误差。为了提高系统的性能,关于业务问题的定义必须包含KPI,而且这个KPI必须被优化以达到最好的结果。例如,对于前述示例,可以将问题扩展为"业务问题是希望实现考勤系统的自动化。为此,需要创建一个自动人脸识别系统。该系统的预期准确率为95%,误接受率小于0.01%。"

(3) 一个定义良好业务问题是可以实现的,而且可以应用于解决实际问题。这种业务问题应该足够实用,可以得到概念化和实现。例如,对于前述人脸检测示例,期望达到100%的准确率和0的误接受率目前是不可能实现的。然而,在某些领域,例如用于癌症检测的医学成像,则需要非常高的准确率,但是达到100%的准确率目前仍是无法实现的。

(4) 业务问题的定义应该考虑到解决方案未来发展状态的前瞻性。对模型运行效果的监测、对模型的维护、新的研发周期和未来的计划可以作为业务问题定义在更大视角范围下的扩展部分。

一个定义良好的业务问题是实现对开发过程进行良好的管理和最终产生有效解决方案的必要条件。同时,应该邀请具体业务用户加入对业务问题定义的讨论并将这项工作作为整个工作流程的一个重要组成部分。他们可以通过传授SME(Subject Matter Expert)知识来纠正关于解决方案的某些偏差。

下面通过计算机视觉领域的两个应用实例来考察业务问题的定义。

1. 用于监控的人脸检测

现有一家零售店,可以从下面一段文字描述中识别出其业务问题。

"我们有必要改善商店安全系统中监控区域不足的状况。零售商需要对这些区域进行不间断的监控,以及时发现不法分子入店实施盗窃或者任何其他违法犯罪行为。目前的监控过程主要是通过人工识别的方式完成。改进的系统监控需要具有自动检测并匹配顾客的人脸的功能,并且需要配备禁止入店人员的数据库,以便商店对相关人员采取适当的措施。"

对于上述业务应用案例,相应的业务目标如下。

(1) 持续监控商店中较少被监控的区域。

(2) 检查商店区域内的任何违法犯罪行为。

(3) 发现和识别不允许进入商店的人。

为了进一步完善对业务问题的表述,应该给出关于检测准确性和错误接受/拒收率的 KPI。

(1) 正确肯定:正确地将商店里的人归类为允许进入商店的"可接受的"人。

(2) 正确否定:正确地将商店里的人归类为"不可接受",不允许他们进入商店。

(3) 错误肯定:将商店里的人错误地归类为"可接受的",事实上,他本不应该被允许进入商店。

(4) 错误否定:将店内的人错误地归类为"不可接受",事实上,他本应该被允许进入店内。

因此,对于前述业务案例,可以根据 KPI 实现对解决方案的优化处理。

2. 产品制造中的缺陷检测

现有某个移动电话制造工厂,其车间在不同的生产线上生产手机。在产品制造过程中,可能会有诸如绳子、头发、塑料碎片等外来异物进入移动腔。这些异物尺寸可能很小,比如只有 $200\mu m$、$300\mu m$ 等。可以按照下面一段文字描述识别出业务问题。

"工厂车间希望能够检测出移动腔内是否存在任何外来异物。需要对绳子、头发、塑料碎片等各种各样的外来异物进行检测,这些异物分布在不同的地方,且大小不一。需要在生产线的顶部放置一个摄像头,用于监测生产线上的每个产品图像,使用深度学习网络模型实时检测产品的移动腔内是否存在异物,并根据检测结果自动判定对相关产品的接受或拒绝。"

对于上述业务应用案例,相应的业务目标如下。

(1) 需要对生产线上的每个产品图像实施不间断的实时监测。

(2) 检测产品内部是否含有异物。

为了进一步完善对业务问题的表述,应该给出关于检测准确性和错误接受/拒收率的 KPI。

(1) 正确肯定:正确地将产品归类为不含任何异物的产品。

(2) 正确否定:对含有异物的不良产品正确地分类为不良产品。

(3) 错误肯定:错误地将含有异物的产品接受为不含异物的产品。

(4) 错误否定:错误地将不含异物的产品作为含有异物的产品进行拒收。

因此,对于前述业务案例,可以根据 KPI 实现对解决方案的优化处理。

一旦确定了对业务问题的定义,就可以进行下一步的探索性数据分析、模型构建等工作。图 8-3 给出了关于这些步骤更详细的描述,按照这些步骤实现对图像的各种属性进行处理,并创建一个具有鲁棒性的网络模型。需要大量的团队合作和专业知识才能完成项目的研发工作。

图 8-3　深度学习建模过程的详细步骤

业务问题定义设定项目研发的目标,这就意味着已经准备好开始处理数据集,然后进行模型训练。下面讨论项目研发中的数据收集阶段。

8.2.2　源数据或数据收集阶段

一旦完成了对业务问题的定义,确定了业务问题的范围,并且给出了模型性能度量指标以及与之相关的 KPI 定义,就会进入数据获取阶段。

在数据获取阶段需要完成的主要任务是寻找数据,或者说在计算机视觉的应用场合,任务是获得所需要的图像。下面结合与业务问题定义阶段相同的应用案例来理解数据收集阶段。

1. 人脸识别

业务问题是:"识别出现在摄像机面前的面孔,如果这个面孔与员工数据库的某个员工面孔图像相匹配,那么就将该员工标记为在场。"

对于这个应用实例,源数据是关于员工的人脸图像。这些图像必须从不同的角度进行拍摄,而且要尽可能清晰。如果让员工自己拍摄图片并与团队分享,那么就会存在长宽比、尺寸、背景光照、亮度等方面的不一致。此外,不同的员工会使用不同的方式获得图片,由此产生的源数据也会有很大的不同。此时,通常建议在类似的环境中获取每一张图像,使图像之间保持一致性。最好能设置一个摄像头,让每个员工都能过来进行拍照。

然而,这样的安排对于网络模型训练来说并不是必需的。事实上,网络模型的训练可以针对不同尺寸和类型的人脸图像进行训练。使用这种方法获得图像的优点是可以提高模型训练的准确性和计算优势,也可以在没有这种安排的情况下进行网络模型训练。

在这个应用实例中,使用捕获到的关于人脸的源图像实现对网络的训练。第 6 章已经讨论了各种用于人脸检测的网络模型。将这些作为训练样本的图像保存起来,供将来参考和审查跟踪。

2. 生产线上的现场环境

另一个关于生产线实时监控的应用案例,业务问题是:"分析手机制造厂现场环境中获得的图像,并评估产品中是否存在外来异物。"

对于这个应用实例,将通过搜索历史数据来实现网络模型的训练。训练样本数据将由没有异物的良好产品图像样本和有异物存在的不良产品图像样本组成。图像数据集必须是完整的,可以包括很多历史图像。如果没有大量的关于不良产品的图像,则需要手工创建这种图像。可以使用一个专门的相机来拍摄这样的图像作为源图像。使用手工方式将源图像划分为良好产品图像(好类)和不良产品图像样本(坏类)这两个类别,以便将这些输入网络模型中进行训练。图像样本必须具有足够的代表性,并应该包含所有可能的变化。

8.2.3　数据存储与管理

完成数据收集后,就可以进入一个阶段,即数据获取或数据管理。数据管理是项目开发过程中一个非常必要的环境,它确保平台有效地保存图像,并使用这些图像进行网络模型的训练。数据管理还能够确保所有监控图像数据集得到妥善的保存以备将来需要时参考。将来需要对模型进行适当的改进以便能够对当前未知的新出现数据进行有效的预测。

一个合格的数据管理平台需要具备以下属性。

（1）在数据收集阶段，已经确定了希望使用的所有数据源。在数据管理阶段，首先需要确定需要的数据资源。

（2）将所有的图像数据源进行集成，以确保在同一个平台上拥有所有的数据源。这些数据源可以是离线的，也可以是在线的，可以是被设计出来的，还可以使用手工方式进行创建。对多个不同的来源的一段时间的图像进行保存和分析，包括最近获取的新图像。对于人脸检测问题，数据集应该包括过去几个月捕获的历史人脸数据集，通常会包括最近捕获的图像。对于生产线缺陷检测系统，可以是来自多个生产线和月份的历史数据集，数据集通常会包括在实时环境中捕获的实时图像。

（3）如图 8-4 所示，将所有的数据样本加载到数据库中。模型训练算法可以通过访问该数据库获得样本数据进行网络模型的训练。这种数据库可以是一个独立的本地服务器，也可以是一个基于 Azure、Google Cloud、AWS 等云端解决方案。在理想情况下，数据库应该具有可伸缩性，在需要时可以进行必要的扩展以保存更多图像样本。

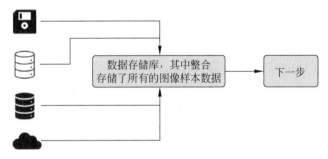

图 8-4　用于存储样本数据的数据库，可以集成多个不同来源图像

（4）数据管理需要强大的数据工程技能和 IT 团队的参与。数据工程团队负责设置将映像从活动环境传输到数据库的管道，允许将历史映像保存在同一个数据库中，确保能够实现对系统定期检测和数据的完整性。

一旦数据管理到位，就拥有了可用于分析处理的图像数据。下一步是通过分析可用的工具，创建最终可直接用于网络模型训练的训练数据集。

8.2.4　数据准备和扩充

一旦准备好样本数据并将它们存储在某个公共平台上，就可以开始对这些样本数据进行初始分析，主要考察图像的大小、长宽比等参数。与结构化数据集相比，对图像样本数据进行大量的探索性数据分析（Exploratory Data Analysis，EDA）是不可能的，但是仍然需要对图像数据的质量进行完整性检查。

对于通过数据库服务器保存和加载的图像数据，需要分析按照什么类别对这些图像进行分类,并统计出关于每个类别的可用样本的数量。

注意:所谓"如果输入是垃圾,那么输出也是垃圾"的论断是正确的。如果训练数据集有偏差,那么就不会得到确实可信的输出结果。

如果要训练出一个具有鲁棒性的网络模型,首先需要一个完整、具体、没有偏见的具有良好代表性的样本数据集。这种数据集具有如下属性。

(1)数据集应该能够涵盖将使用该解决方案每个接口的参与情况。例如,对于前述产品质量缺陷检测的应用案例,如果有 10 条生产线要使用检测模型,那么数据集就应该有足够的来自所有这 10 条生产线的样本数据以确保所有生产线的情况都能够在这个数据集中获得充分的表示。否则,该解决方案可能在大多数生产线上运行良好,但是没有在训练样本数据集中得到充分表示的生产线,该解决方案就有可能在这些生产线上运行不良。

(2)数据集中应该有足够多的好的图像样本和坏的图像样本。理想的情况是对每一种类别都获得某种平等或均衡的表示,但实际上可能没有足够多的样本。因此,必须集中精力收集一个强大的、有代表性的数据集。

注意:虽然对于好的和坏的训练数据集并没有完美的推荐比例,但为了避免偏差,每个类别在最终的训练数据集中应该至少有 10%的代表性。

---

(3)如果样本数据中存在基于时间的依赖性因素,那么训练数据集应该有足够的遵循时间因素的样本。例如,对于产品质量缺陷检测的应用案例,我们可能希望将来自不同班次和每周不同天数的信息引入到训练样本数据中。

(4)样本图像的质量对模型的最终准确度起着至关重要的作用。要确保使用的训练样本数据是清晰的图像,而不是模糊的图像。如果没有足够大的样本数据集,就需要对图像样本进行扩充增强处理,8.2.5 节将讨论图像样本的增强技术问题。

(5)获得能够直接用于网络模型训练的训练数据集。

图像样本增强是数据准备中的一个至关重要的步骤,可以确保有足够的训练样本完成对网络模型的训练。

8.2.5　图像样本增强

在收集了所有的图像样本数据之后,可能并没有获得可以满足模型训练需要的足够丰富的样本数据集。这时,对图像样本进行增强处理可以在一定程度上实现对样本数量的扩充,进而可以防止在模型训练过程中出现过度拟合现象,提升网络模型的泛化能力。随着神经网络模型复杂度的提高,需要的样本数据越来越多,图像样本增强通过创建图像新版本的方式实现对训练样本数据集的扩充。这种方式增强了模型的泛化能力,因为增强后的图像样本提供了关于原始训练样本数据集的多种不同的变化形式。

可以使用缩放、平移、翻转、旋转、镜像、裁剪和其他各种操作方法实现对图像数据的变换。但是,也要谨慎使用这些操作,因为通常应该只进行在现实世界中可以预期的变换。例如,如果想要创建一个人脸检测系统,就不太可能见到颠倒 $180°$ 的人脸图像,通常应当避免做这样的旋转变换。应该根据当前的业务问题,选择适当的样本增强技术。

Keras 深度学习库提供了一个强大的图像样本数据增强机制,对于目前正在创建的方案,可以使用 ImageDataGenerator 实现样本数据的扩充。例如对图 8-5 中的图像样本进行一系列的变换操作,实现图像样本数据的增强处理,具体步骤如下所述。

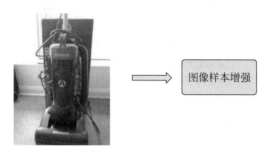

图 8-5　吸尘器图像的增强处理

(1) 导入所有程序库。

```
from numpy import expand_dims
from keras.preprocessing.image import load_img
from keras.preprocessing.image import img_to_array
from keras.preprocessing.image import ImageDataGenerator
from matplotlib import pyplot
```

(2) 加载图像样本数据。

```
sample_image = load_img('Hoover.jpg')
```

(3) 将图像转换为 NumPy 数组并将维度展开为一个样本。

```
imageData = img_to_array(sample_image)
samples = expand_dims(imageData, 0)
```

(4) 创建图像数据生成器。这里采用转换图像的宽度属性。

```
dataGenerator = ImageDataGenerator(width_shift_range=[-150,150])
```

(5) 准备迭代器,然后生成图像。输出结果如图 8-6 所示。

```
dataIterator = dataGenerator.flow(samples, batch_size=1)
for i in range(9):
pyplot.subplot(250 + 1 + i)
batch = dataIterator.next()
image = batch[0].astype('uint8')
pyplot.imshow(image)
pyplot.show()
```

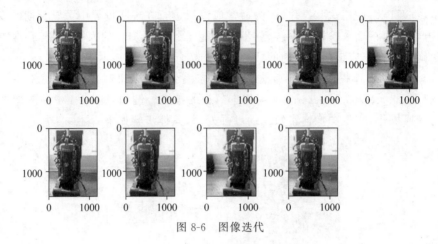

图 8-6　图像迭代

使用不同的图像生成器可以获得不同的输出结果。以下语句对样本增强进行图像高度的转换，结果如图 8-7 所示。

```
dataGenerator = ImageDataGenerator(height_shift_range = [ - 0.4])
```

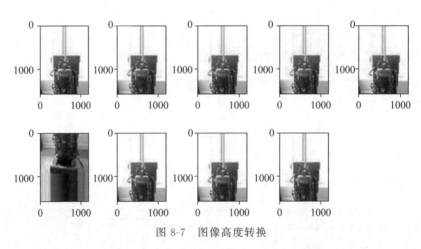

图 8-7　图像高度转换

对图像样本进行不同程度的缩放处理，结果如图 8-8 所示。

```
dataGenerator = ImageDataGenerator(zoom_range = [0.15,0.9])
```

对图像样本进行旋转变换。结果如图 8-9 所示。

```
dataGenerator = ImageDataGenerator(rotation_range = 60)
```

使用不同的亮度值实现对图像样本的增强，结果如图 8-10 和图 8-11 所示。

```
dataGenerator = ImageDataGenerator(brightness_range = [0.15,0.9])
dataGenerator = ImageDataGenerator(horizontal_flip = True)
```

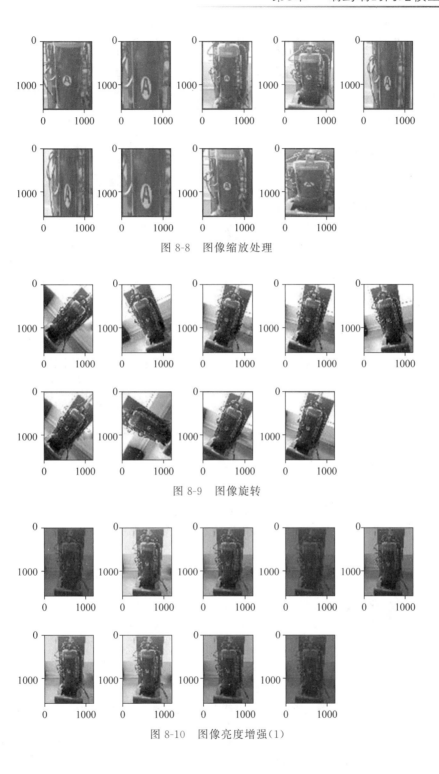

图 8-8　图像缩放处理

图 8-9　图像旋转

图 8-10　图像亮度增强(1)

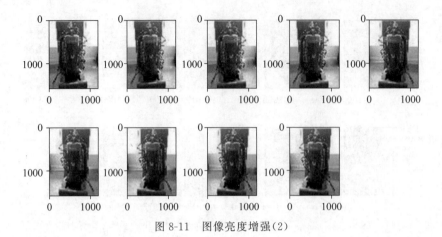

图 8-11　图像亮度增强(2)

对上述图像样本增强使用了同一图像的不同版本。不需要单独创建和保存这些版本的图像样本数据。将它们保存在数据库将会带来巨大的存储空间投资。因此,可以在对网络模型进行训练的过程中实现对样本数据的增强处理。

综上所述,对于图像样本的增强处理可以实现对训练样本数据集的有效扩展,有利于提高模型的泛化性能。通过平移、翻转、裁剪和缩放图像样本的方式,可以创建更多版本的原始训练图像。

在完成了对训练数据集的配置之后,就可以开始从样本数据集中构建网络模型。

8.3　深度学习的建模过程

本节结合产品质量缺陷检测应用实例介绍网络模型的构建过程。如图 8-12 所示,模型训练和测试的过程非常清晰。训练、测试和部署模型是深度学习解决方案的主要组成部分,通常需要面向具体的生产环境设置一台用于运行网络模型的服务器。

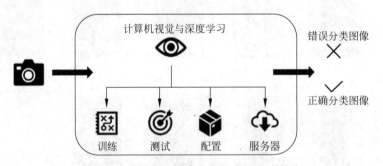

图 8-12　深度学习解决方案的主要组成部分

第一步是使用已经建立起来的样本数据集进行网络模型的训练。可以将源数据按照80∶20 或 70∶30 的比例划分为训练样本集和测试样本集。训练样本数据用来训练网络模型,测试样本数据作为一个模型在训练阶段未观测的数据集,用来检查模型在未观测的数据集上的性能。通常会创建并迭代多个不同版本的模型,并根据这些模型在测试样本数据的性能表现选择其中的最佳模型。

也可以将数据集按照 60∶20∶20 的比例划分为训练集、测试集和验证集。其中,训练样本数据集用于训练网络模型,测试样本数据集用于考察模型在未观测数据集上的性能。使用测试数据检验网络模型的性能,并从中选择性能最佳的模型。只有在选择了最佳模型之后,才会使用验证样本数据集进行已经确定的网络模型性能进行最终的测试。

现在已经准备好开始训练网络模型,通常开始会试用两三个网络模型。例如,可以选择 VGG16、Inception v3 和 ResNet 这几个网络模型进行训练。训练中可以使用迁移学习训练方式,第 5 章已经介绍并使用了迁移学习的基本知识,现在对迁移学习做进一步的讨论。

基本版本的网络模型设置基本准确度、召回率、精度和 AUC 参数,在此基础上对网络模型的错误分类问题做进一步的分析,可能需要增加训练数据集,并尝试通过调优超参数的方式实现对基本版本网络模型的改进。在理想的情况下,经过基本网络模型的性能在经过调优之后会得到一定程度的改善。

通过比较网络模型在训练数据集和测试数据集上的准确率、精确度和召回率等性能指标,可以选择最适合的网络模型。模型的选择主要取决于业务问题的特点。有些业务问题可能需要非常高的召回率,例如,对用于检测癌症的图像分析模型,就需要一个接近完美的召回率。也就是说,希望模型能够检测出所有患者,即使准确度低一些也无妨。

在模型构建这个步骤中,主要关注以下几点。

(1)创建模型的第一个版本和基本版本。

(2)迭代优化不同版本的模型,并进行性能度量。

(3)对模型的超参数调优可以提高性能。

(4)选择最终版本的网络模型。

一旦选定了网络模型的最终版本,就可以使用之前模型未观察测试样本数据集实现对解决方案性能的评估。一般来说,通常使用应用场景的实际图像进行评估,这样可以较好地衡量模型的实际应用性能。

下面讨论在深度学习项目研发中的一些注意要点,从迁移学习开始。

8.3.1　迁移学习

如图 8-13 所示,迁移学习是使用预先训练好的网络模型来实现某种目的的学习过程。通过迁移学习方式使用预先训练好的网络模型,根据自己的需要对网络模型进行定制。

研究人员使用非常高的计算能力和数百万张图像完成了对复杂网络模型的训练,可以基于这些训练好的模型网络来解决具体的业务问题。

迁移学习可以使用预先训练过的网络模型,可以根据业务问题的具体需要对网络进行定制和针对性训练,还可以直接使用网络模型的基本架构和底层的网络权重,并对网络模型做适当的修改以适应具体的业务问题需要。需要注意以下几个要点。

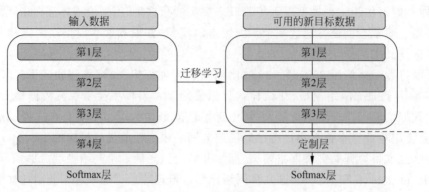

图 8-13   迁移学习

(1) 必须非常谨慎地选择预先训练过的网络模型。网络模型的选择非常重要,对模型的最终准确度起着核心性的决定作用。例如,如果选择了一个以文本数据为训练对象的网络模型,那么这个模型面向图像样本数据的时候就有可能不会获得良好的预测效果。

(2) 在使用预先训练好模型的时候可以设置较低的学习率,而且通常会保持相同的权重和网络架构。

(3) 初始层主要用于从当前业务问题图像中提取特征。可以训练模型中一些网络层的权重,而将其余网络层的权重进行冻结。在大多数情况下,输入图像并且对模型最后的网络层权重进行修改,网络模型的体系结构和其余的网络权重则保持不变。

图 8-14 给出了根据可用数据集的大小以及现有图像与预训练网络图像之间的相似性确定网络模型选择的策略方向。

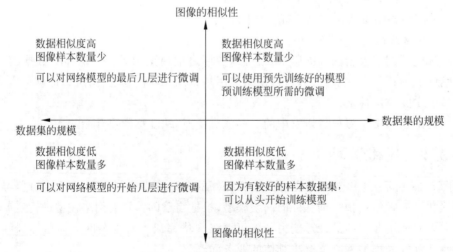

图 8-14   确定网络模型的定制策略

构建模型的策略会根据不同数据集的特点改变,因此需要对网络模型的版本进行迭代更新,调优模型超参数,由此获得性能最佳的网络模型版本。

8.3.2 常见错误/挑战和模型性能提高

深度学习模型训练面临的常见挑战和错误包括以下几点。

(1) 数据质量：如果输入的数据集含有噪声，那么模型训练将不会有成效。需要确保图像质量良好，不模糊、不朦胧、不被切割、不过暗、不过白。

(2) 数据数量：应该确保所有的类别中都有足够的样本表示。每个类别通常至少有1000张图片，目前也在研究使用数量较少的样本进行网络训练。

(3) 训练数据的组成：训练数据的组成是指各个类别样本的分布情况。对于二值分类，指的是图像的正样本与负样本的比率。关键是每个类别在最终的训练数据集中至少要有10%的代表性。

(4) 训练数据集应具有代表性和完整性，足以解决业务问题。换句话说，输入数据集与希望的输出之间应该存在某种对应关系。

(5) 监控日志：这是一种调试实践，可以在遇到问题时使用。可以使用print命令进行打印输出，这样就可以一步一步地进行代码的调试。

(6) 图像样本增强应该谨慎使用。图像样本增强是一种常用的扩充样本数据规模的技术，它对网络模型确实能够取得一定的正则化效果。

(7) 数据集应该被打乱，不应该按照某种特定的顺序排列，否则会导致最终的网络模型产生偏差。

(8) 如果使用预先训练的模型并且需要进行某种预处理，那么就必须对训练样本数据集和验证数据集进行同样的预处理。

(9) 训练期间使用的样本批次的大小也会影响模型性能。如果批量真的很大，那么模型可能不会具有很好的泛化性能。

(10) 权重初始化是模型训练的另一个要点。应该尝试使用不同的初始化并考察由此获得不同网络模型之间的性能差异。

(11) 过度拟合是在测试集上准确度低而在训练集上准确度高的问题。这意味着网络模型在未观察到的数据集上不能取得很好的性能。可以使用Dropout、批量归一化、L1/L2正则化等方法来解决网络模型的过度拟合问题。

(12) 模型低度拟合也是面临的一个挑战。为了克服低度拟合，可以增加样本数据的数量，通过训练一个具有更深层次的网络或具有更多隐藏神经元的网络来增加模型的复杂性，或者尝试使用一个更复杂的预训练网络模型。降低模型的正则化处理程度可能有助于解决模型的低度拟合问题。

(13) 可视化展示模型训练/测试过程，以及模型准确性和损失函数值的变化，可以让我们能够直观地考察整个端对端的模型开发过程。我们可以比较方便地对模型的激活、权重和更新进行监控。

(14) 在进行网络模型训练的时候，确实遇到了在第7章讨论过的梯度消失问题。这个问题是指当梯度接近零时，网络初始层出现停止学习的现象。可以使用ReLU激活函数、适当的权重初始化和使用不同的梯度下降算法等方法解决这个问题。梯度爆炸是另外需要处理的一个问题。在模型更新的过程中,误差梯度值可能会累积成非常大的取值,导致网络模型的不稳定。这种不稳定的网络模型不能够学习到任何有价值的内容。有时可能会得到NaN权重值。可以通过对网络模型进行重新设计的方式解决爆炸梯度问题。在网络模型的训练过程中,较小的样本批量也有可能对解决梯度爆炸问题有所帮助。最后,检查梯度的大小有助于解决这个问题。

(15) 有时结果中会出现NaN。通常有以下几个原因和解决方案:①如果将某个非零数数除以0,就会出现NaN;②如果引用的是关于零或负数的日志,就会出现NaN;③通常可以使用改变学习率的方式来处理NaN;④如果没有任何作用,可以打印日志并逐层分析各自的输出。

(16) 模型训练时间太长。在模型训练的过程中,网络各层的权重会发生变化,激活值也会发生变化。因此,数据总体的分布也会发生变化。这样就会使模型训练时间较长。如果数据样本集特别大,网络结构特别复杂,或者硬件支撑不是很强大,那么模型训练的时间可能就会特别长。为了解决网络模型训练时间过长的问题,可以尝试以下几种方法:①降低网络模型的复杂性,但必须谨慎以保证对模型性能没有太大的影响。②对样本数据进行归一化处理有助于减少网络模型训练时间。③适当选择样本批次的大小有助于减少网络模型训练时间。④更快更好的硬件设备有助于减少网络模型的训练时间。

(17) 学习率可以影响模型的收敛性。高学习率会导致低准确率,但收敛速度会更快。另一方面,低学习率的模型训练速度会很慢,但取得的效果会更好,如图8-15所示。通常以0.1倍率调整学习率的大小。

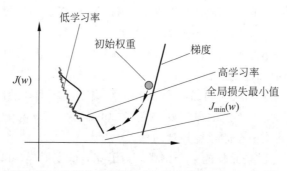

图8-15 低学习率会使得收敛速度较慢,学习率高可能不会获得很好的结果

(18) 某些网络层会停止梯度更新或者发生错误的网络层出现了冻结状态。更常见的情况是,对于编写的任意自定义层,模型都进行了错误的计算。

训练某个深度学习模型的基本步骤如下所述。

(1) 首先创建解决方案的基本版本,如VGG16和使用标准损失函数、学习率等。

(2) 在模型训练之前验证输入数据是否正确;如果必须进行预处理,则应符合原始模型的要求。

（3）对模型的基础版本使用非常小的样本量，可能只使用 50 张图片，以确保代码的语法是正确的，模型是经过训练的。可能会得到非常低的模型准确度或者出现模型过拟合，但通常已经完成了这一步。

（4）在训练完成了模型的基本版本之后，就可以添加完整的样本数据集。

（5）基本版本的网络模型得到训练之后，就可以使用更多的处理技术，如样本数据增强、正则化等。通过优化模型超参数，逐步提高模型的性能。

（6）继续考察更加复杂的模型，如 ResNet 或 Inception v3 等。

在完成上述模型训练过程之后，模型现在已经准备好了，下面就可以进行模型部署工作。

8.3.3　模型的部署与维护

现在已经有了最终版本的网络模型，并希望将它部署到具体的生产环境当中，使用这个网络模型对现实世界和以前未观察到的新图像进行预测。

在选择和设计将网络模型部署到生产环境的策略之前，通常需要着重考虑如下 4 方面的因素。

（1）模型应用使用的是实时处理还是批处理方式？如果需要模型进行实时预测，那么建议使用基于 API 的方式进行部署。

（2）如果模型采用的是实时方式，那么传入数据期望负载是多少？

（3）对输入数据集和未观察的新数据需要进行多少预处理工作，是否能够期望输入样本数据的格式与训练数据集的样本格式有着很大的差异？

（4）模型的更新周期是多少？如果需要频繁对模型进行更新，那么建议以脱机的方式使用模型，这样可以减少软件接口。

关于模型部署的主要技术，还可以使用以下方法。

（1）有人可能会说，为什么不能用应用程序的语言来编写深度学习算法。例如，JavaScript 可能不支持书中讨论的这些高级网络。此外，使用这样的语言完成同样的任务将会花费大量的时间和精力，就像"重新造轮子"一样。

（2）如果核心应用程序使用 Python，那么对模型的部署就会变得更加容易。这是一个理想的情况，因为这样可以面临较少的挑战。但这样仍然需要加载一些库和包，并确保已经安装所有依赖库并完成了相应的配置。

（3）可以配置一个 Web API 并通过调用做出预测。Web API 使得跨语言应用程序相互通信更加方便容易。因此，如果应用程序的前端需要来自深度学习模型的结果，它只需要获得 API 所在的 URL 端点就可以了。前端应用程序只需要以预定义的格式提供输入，模型就可以提供返回的结果。使用 API 和部署深度学习模型的主要方法如下所述：①可以使用 Flask 或 Django 创建 REST API。Flask 是模型的访问点，允许通过 HTTP 请求使用模型的功能。②Docker 正成为部署基于深度学习模型的一种最受欢迎的工具。Docker 包含了所有关于模型的依赖库，可以被容器化并在某个地方进行打包，并且允许服务器根据需要进行自动扩展。Kubernetes 是部署机器学习模型的一种最著名的方法。

（4）还可以使用 Azure、AWS 等服务来部署网络模型。这些服务不仅可以进行网络模型的训练，还支持对最终模型的部署。

（5）TensorFlow 服务也是一个可用的选项。它是 Google 首选的高性能模型部署系统。

模型的部署是整个项目开发过程中最关键的一步，这是深度学习模型的最终目的地。除了前面讨论的一些解决方案外，还可以使用 Spark/Flink、Apache Beam 等工具完成对网络模型的部署。

将模型部署到具体生产环境之后，就可以使用模型观察来自真实世界的数据集并监视模型的性能。现在模型已经进入了维护阶段，为确保模型的输出效果达到交付标准，需要不断地衡量模型的运动效果。图 8-16 给出模型维护计划，确保模型长时期运行良好，模型输出结果能够满足业务需求。

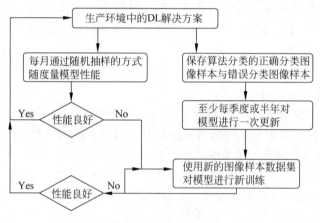

图 8-16　模型维护计划

对模型的维护需要注意以下要点。

（1）解决方案上线后，就可以对模型未观察数据集进行预测。由于模型的性能取决于训练算法所用的训练样本数据集。可能有一些样本数据在训练阶段对网络模型是不可见的。换句话说，可能有一些类别在训练数据中没有获得充分表示。网络模型在这些类别上可能表现不佳。

（2）必须定期监视模型的性能。可以取一小部分真实世界的图像样本，然后采用手动的方式对这些图像进行评分，并将评分结果与模型给出的实预测结果进行比较，检查模型的性能是否表现良好。如果模型的准确度/召回率低于阈值，那么就需要对模型进行更新。

（3）对模型的定期更新是一件至关重要的事情。例如，可以半年或一年更新一次，建议在一组更新的图像上重新完成对模型的训练。

（4）在准备好模型新版本之后，就需要比较新旧两种模型版本的性能，以确保新版本的模型性能得到了改进。只有当模型性能得到改进的时候,才会在生产环境中部署这个新模型。

（5）为了成功实现模型的更新,必须保存来自真实世界的模型未观察图像,以便可以使用这些样本数据对模型进行再次的训练。一个好的策略是基于每天样本数据以子集的方式进行保存,这样就可以捕获不同阶段和时间的样本数据变化特点。在需要重新训练网络模型的时候,就可以以分级的方式使用这些图像样本数据。

在整个项目开发过程中,业务用户及利益相关人员必须在适当的时候加入对项目的讨论。因为最后的解决方案归他们使用,关乎他们的切身利益。

8.4　小结

深度学习是一个不断发展的领域。计算机视觉也是如此。基于深度学习的计算机视觉是一种非常受欢迎的解决方案,它正在改变整个格局。它们是更加复杂、创新、具体和可维护的解决方案。与其他解决方案相比,这种解决方案能够在更大的范围内实现功能的扩展,应用范围覆盖零售、电信、航空、BFSI、制造、公用事业等几乎所有的领域。

解决方案的有效性取决于多种因素,如业务问题定义、训练数据、硬件可用性、KPI等,其中最重要的部分是用来训练网络模型的训练样本数据。获得具体、完整和有代表性的训练样本数据确实是一项乏味的任务。但是,一旦很好地完成了这项工作,就可以解决很多问题。

本书探索了面向计算机视觉问题的各种神经网络架构。从计算机视觉的基础知识开始,介绍了一些使用 OpenCV 的例子。然后详细讨论了卷积神经网络的基本原理及其构成。从 LeNet 开始并讨论了很多神经网络结构,如 VGG16、AlexNet、R-CNN、Fast R-CNN、Faster R-CNN、YOLO、SSD、DeepFace 和 FaceNet,所有这些体系结构都提供了具体的 Python 实现。本书已经开发了二类别图像分类、多类别图像分类,对实时视频进行目标检测、人脸检测、手势识别、人脸识别、视频分析、图像样本增强等实际应用案例。CNN 及其各种架构都有助于对这些应用案例的开发。

神经网络模型还有其他的一些分支,如循环神经网络、GAN、自动编码器等。神经网络模型不仅对计算机视觉领域产生了重大的影响,而且对自然语言处理、音频分析等领域也产生了重大的影响。神经网络还有相当多的新用途,如语音到文本转换、机器翻译、摘要生成、语音情感分析、语音识别等。

这并不是结束,还有很长的路要走。建议读者继续在这条道路上学习新的概念,探索新的想法,发现新的技术。切记人工智能是一把必须小心使用的双刃剑,可以将它用于改善医疗设施等。虽然它也可以用于破坏和暴力,但作为负责任的人类,我们有责任避免将人工智能技术用于错误的目的。

至此,我们结束了本章和本书的全部内容。祝你在未来的学习和工作过程中一切顺利!

习题

（1）模型部署过程中的基本步骤有哪些？

（2）应如何处理网络模型的过度拟合？

（3）拍一张自己的脸部照片，并用 Python 将它旋转 $10°$。

（4）使用本章的图像样本增强技术来扩充前一章的数据集，并比较各自的准确度。

拓展阅读

［1］ Miranda C S, von Zuben F J. Reducing the Training Time of Neural Networks by Partitioning［EB/OL］. https://arxiv.org/abs/1511.02954.

［2］ Hollosi J, Pozna C R. Improve the Accuracy of Neural Networks using Capsule Layers［C］//IEEE 18th International Symposium on Computational Intelligence and Informatics (CINTI). IEEE, 2018.

［3］ Perez H, Tah J H. Improving the Accuracy of Convolutional Neural Networks by Identifying and Removing Outlier Images in Datasets Using t-SNE［EB/OL］. www.mdpi.com/2227-7390/8/5/662.

［4］ Chang H S, Learned-Miller E, Mccallum A. Active Bias: Training a More Accurate Neural Network by Emphasizing High Variance Samples［EB/OL］. https://arxiv.org/abs/1704.07433.

［5］ Wang C Y, Liao H, Wu Y H, et al. CSPNet: A New Backbone that can Enhance Learning Capability of CNN［C］// IEEE/CVF Conference on Computer Vision and Pattern Recognition Workshops (CVPRW). IEEE, 2020.

附　录　A

A1　CNN 中的主要激活函数与网络层

　　CNN 网络模型各个网络层的信息及相关链接以供快速参考。读者可以直接访问 Keras 官方页面 Keras．io，使用 https://keras．io/api/layers/ 查看所有网络层的信息。这里主要讨论如下问题。

　　(1) 输入对象：实例化一个用于输入的 Keras 张量。

　　(2) 密集层：最常见的密集连接的神经网络层。

　　(3) 激活层：用于使用激活函数，主要可用激活函数如表 A-1 所示。

　　(4) Conv1D 层：一维卷积层。

　　(5) Conv2D 层：二维卷积层。

表　A-1

名称	曲　　线	公　　式	导　　数
Identity		$f(x)=x$	$f'(x)=1$
Binary step		$f(x)=\begin{cases} 0, & x<0 \\ 1, & x\geqslant 0 \end{cases}$	$f'(x)=\begin{cases} 0, & x\neq 0 \\ ?, & x=0 \end{cases}$
Logistic(a. k. a Soft step)		$f(x)=\dfrac{1}{1+e^{-x}}$	$f'(x)=f(x)[1-f(x)]$
TanH		$f(x)=\tanh(x)=\dfrac{2}{1+e^{-2x}}-1$	$f'(x)=1-f(x)^2$
ArcTan		$f(x)=\tan^{-1}(x)$	$f'(x)=\dfrac{1}{x^2+1}$

续表

名　称	曲　　线	公　　式	导　　数
Rectified Linear Unit(Relu)		$f(x)=\begin{cases}0, & x<0 \\ x, & x\geqslant 0\end{cases}$	$f'(x)=\begin{cases}0, & x<0 \\ 1, & x\geqslant 0\end{cases}$
Parameteric Rectified Linear Unit(PReLu)[2]		$f(x)=\begin{cases}\alpha x, & x<0 \\ x, & x\geqslant 0\end{cases}$	$f'(x)=\begin{cases}\alpha, & x<0 \\ 1, & x\geqslant 0\end{cases}$
Exponential Linear Unit(ELU)[3]		$f(x)=\begin{cases}\alpha(e^x-1), & x<0 \\ x, & x\geqslant 0\end{cases}$	$f'(x)=\begin{cases}f(x)+\alpha, & x<0 \\ 1, & x\geqslant 0\end{cases}$
SoftPlus		$f(x)=\log_e(1+e^x)$	$f'(x)=\dfrac{1}{1+e^{-x}}$

A2　Google Colab

通过 Google Colab 可以免费使用 GPU 性能。Google Colab 的设置和使用都非常容易，主要遵循以下步骤即可。

步骤 1：打开 Google 云端硬盘(Google Drive)并创建一个文件夹，如图 A-1 所示。

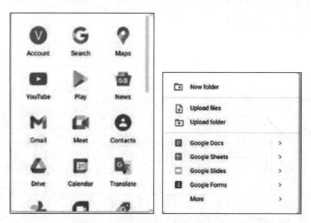

图 A-1　创建文件夹

步骤 2：访问 https://colab. research. google. com/。它将打开一个新窗口。可以选择 New notebook；或者取消它，并从主页创建一个新的笔记本，如图 A-2 所示。

步骤 3：在这两种情况下，会得到一个新的 Jupyter Notebook，如图 A-3 所示。

步骤 4：对它进行重命名，这样就可以像使用常规 Python Jupyter 一样使用它了。

步骤 5：可以使用以下代码将 Google Cloud 链接到 Jupyter Notebook。通过单击 URL

图 A-2　创建 New notebook

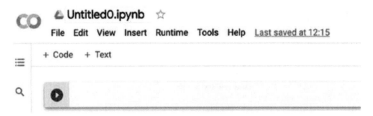

图 A-3　获得新的 Jupyter Notebook

就可以收到授权码,如图 A-4 所示。

图 A-4　链接到 Jupyter Notebook

步骤 6:安装需要的包,所有的安装过程都很简单,如图 A-5 所示。

图 A-5　安装过程

步骤 7:使用 Google Colab。在窗口的左侧可以看到所连接的驱动器。现在可以进行任何操作,如图 A-6 所示。

步骤 8:如果需要提高计算速度,可以在上方的菜单中选择"更改运行时类型",并在选项中选择 GPU,如图 A-7 所示。

步骤 9:如果想下载 notebook,可以进入 File 菜单并下载 Jupyter Notebook,如图 A-8 所示。

图 A-6　使用 Google Colab

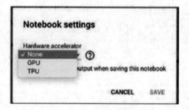

图 A-7　提高运算速度设置

图 A-8　下载 Notebook